타마르 타마르
바다거북

이 책에 사용된 사진의 일부는 위키미디어 커먼즈에 공개된 사진입니다. 출처 목록은 별도 표기하였습니다. 저작권자를 찾지 못한 일부 사진에 대해서는 저작권자가 확인되는 대로 통상의 기준에 따라 사용료를 지불하도록 하겠습니다.

타마르 타마르 바다거북

1판 1쇄 인쇄 | 2012년 12월 12일
1판 1쇄 발행 | 2012년 12월 24일

지은이 | 강대훈
그린이 | 조혜경
펴낸이 | 황승기
마케팅 | 송선경
편 집 | 김대환
표지디자인 | 김슬기
본문디자인 | 오정화

펴낸곳 | 도서출판 승산
등록날짜 | 1998년 4월 2일

주소 | 서울시 강남구 역삼동 723번지 혜성빌딩 402호
대표전화 | 02-568-6111
팩시밀리 | 02-568-6118
웹사이트 | www.seungsan.com
이메일 | books@seungsan.com
트위터 | @booksseungsan

값 12,000원

ISBN 978-89-6139-048-4 43490

「이 도서의 국립중앙도서관 출판시도서목록(CIP)은 e-CIP홈페이지(http://www.nl.go.kr/ecip) 와 국가자료공동목록시스템(http://www.nl.go.kr/kolisnet)에서 이용하실 수 있습니다.(CIP제어번호: CIP2012005615)」

도서출판 승산은 좋은 책을 만들기 위해 언제나 독자의 소리에 귀를 기울이고 있습니다.

타마르 타마르
바다거북

강대훈 지음 | 조혜경 그림

승산

지연이에게

들어가는 글

오래전, 호주 동해안을 여행할 때의 일이다. 브리즈번Brisbane에서 북쪽으로 차를 타고 4시간쯤 달리면 분다버그Bundaberg라는 도시가 나온다. 거기서 바다 쪽으로 10분쯤 가면 몽 흐뽀Mon repos* 라는 작은 해변이 있다. 그곳은 바다거북의 산란지로 유명한 호주 퀸즐랜드Queensland주의 보호공원이다. 나는 거기서 처음 바다거북을 보았다.

내가 분다버그에 도착한 것은 11월 무렵이었다. 당시에는 바다거북에 대해 잘 몰랐고 특별한 관심도 없었다. 우연히 분다버그 관광안내소에서 근처에 바다거북 산란지가 있다는 사실을 알게 되었고 내가 도착한 11월은 마침 바다거북 산란기였다.

여기까지 온 김에 바다거북이나 보고 가야겠다는 생각이었다. 나는 몽 흐뽀 해변으로 갔다. 그곳에서는 산란기를 맞은 바다거북을 직접 볼 수 있는 관람 프로그램을 진행한다. 나는 해변에서 바다거북이 돌아오는 밤이 될 때까지 기다렸다. 날이 어두워지고 나

---
*프랑스어로 나의 휴식이라는 뜻

서야 가이드는 관람객들을 보호구역 안으로 안내했다.

그날은 바람이 세서 파도가 높게 일었던 것이 기억난다. 밤바다는 아주 어두웠다. 바다거북이 빛에 예민해서 해변 근처에 조명 시설을 설치하지 않았기 때문이다. 가이드는 손전등도 켜지 못하게 했다. 일행은 캄캄한 모래 해변을 조용히 걸어갔다. 파도소리만이 밤바다를 가득 채웠다.

한참을 걸어가다가 가이드가 멈춰 섰고, 바다 쪽으로 희미한 손전등을 비췄다. 어두운 밤바다 저편에서 뭔가가 해변으로 올라오고 있었다. 바다거북이었다. 손전등 아래 비친 바다거북은 아주 오래된 생물처럼 보였다. 개나 고양이 같은 동물이 아니라 껍질이 쩍쩍 갈라진, 수령이 수백 년 된 고목처럼 보였다. 이국의 밤바다에서 바다거북을 마주했던 그 순간의 흥분과 감격은 지금도 생생하다.

안내책자에는 바다거북이 수십 년이 지나, 때로 수천 킬로미터 이상을 헤엄쳐 태어난 해변으로 돌아온다고 적혀 있었다. 밤바다 저편에서 수십 년이 지난 다음에 돌아오는 생물이 있다니. 그 해변은 몽 흐뽀라는 아름다운 이름을 갖고 있었다. 긴 시간 뒤에 돌아온 거북에게는 그 이름이 어떻게 느껴졌을까.

그 후로 몇 년이 흘렀다. 뒤늦게 바다거북 생각이 났고 바다거북을 알고 싶었다. 그래서 책과 논문들을 뒤지면서 자료를 수집했다. 바다거북은 기대 이상으로 흥미진진한 생물이었다. 이 책을 읽을 친구들이 그 재미와 기쁨을 조금이라도 함께 공유할 수 있으면 좋겠다.

이 책은 청소년 도서지만 사실을 축소하거나 단순화한 부분은 없다. 청소년을 대상으로 한 도서는 어쩐지 자상한 말투에, 조금 더 단순한 설명을 해야 할 것 같다. 하지만 그건 결국 청소년들을 무시하는 일이라고 판단했다. 오히려 가장 정확한 책을 청소년들이 읽어야 한다고 생각한다. 실제로 그런 책을 썼는지는 의심스럽지만, 최대한 엄밀하고 정확하게 쓰려고 했다. 대신 재미있는 그림이나 삽화를 많이 넣고 싶었다. 그래도 부족한 점이 많을 것이다.

이 책은 바다거북을 다룬 것이지만 바다거북은 거북의 한 종류이기 때문에 먼저 거북을 이해할 필요가 있다. 그래서 책의 전반부에서 거북의 진화와 분류를 설명했다. 책의 후반부에는 바다에 적응하기 위한 바다거북의 전략, 바다거북의 종류, 바다거북의 생활사를 다루었다. 마지막 장에서는 바다거북과 거북의 멸종위기를 이야기하였다.

아직 우리나라에서는 바다거북 연구가 활발하지 않다. 서식지나 개체수도 정확히 확인되어 있지 않다. 우리나라의 바다거북 실태는 2008년에서야 처음 조사되었다(국토해양부 '멸종위기 해양동물 보호사업'). 이 실태조사에서 제주를 비롯한 우리나라 남해안에 바다거북이 출현한다는 사실이 밝혀졌다. 하지만 이들의 정확한 서식지나 산란 여부는 확인되지 않았다. 이 책을 읽을 친구들 중에서도 앞으로 우리나라의 바다거북을 연구할 과학자가 나오기를 바라본다. 이국의 밤바다에서 만났던 바다거북을 언젠가 우리 땅에서도 보고 싶다.

차례

들어가는 글 | 7

01 이토록 이상한 등껍질 | 13

02 원시 거북 프로가노켈리스 | 39

03 육지거북과 바다거북 | 67

04 8명의 생존자 | 87

타마르 타마르 바다거북

05 거북은 알을 깨고 나온다 | 111

06 알 수 없는 젊은 날 | 129

07 고향으로 가는 먼 길 | 141

08 안녕하지 못한 거북들 | 165

에필로그 | 184
참고자료 | 188
사진 출처 | 192

01

이토록 이상한 등껍질

1838년, 영국의 지질학자 아담 세지윅Adam Sedgwick은 캄브리아기에서 페름기까지의 기간을 '고생대'라 명명했다. 캄브리아기에서 페름기 지층까지의 생물화석이, 트라이아스기에서 백악기 지층까지의 생물화석과 크게 달랐기 때문이다. '고생대'란 '오래된 생물들의 시대'라는 뜻이다. 그 뒤 1840년에는 역시 영국의 지질학자였던 존 필립스John Phillips가 '중생대'와 '신생대'를 구분했다. 각각 '중간 생물 시대', '새로운 생물 시대'라는 뜻이다.

세 개의 지질시대 사이에는 지구 역사상 가장 규모가 컸던 두 번의 대멸종이 있었다. 이 사건은 고생대와 중생대, 중생대와 신생대 사이에 일어났고 결국 세 개의 지질시대를 가르는 기준이 되었다. 대멸종은 지구에 서식하던 수많은 생물 종이 재앙적인 규모로 사라진 사건이었다. 이는 수많은 생물을 쓸어버린 엄청난 '생물 종 물갈이'였다. 대멸종 이후에는 어김없이 생물의 지형도가 바뀌었다. 고생대와 중생대, 중생대와 신생대의 생물 화석이 큰 차이를 보이는 것도 이 때문이다.

고생대를 끝내고 중생대를 열었던 페름기 대멸종은 지구에서 일어났던 다섯 번의 대멸종 중에서 가장 규모가 컸다. 사람들에게 잘 알려진 대멸종은 공룡을 멸종시킨 백악기 말의 사건일 것이다. 하지만 페름기 대멸종으로 사라진 생물 종의 규모는 백악기 대멸종을 압도한다. 과학자들의 추정에 따르면, 페름기 말 바다에 서식하던 생물 종의 96%가 지구 상에서 모습을 감추었다. 고생대 바다에서 번성하던 삼엽충, 바다나리, 산호, 이끼벌레, 완족류 등의 '오래된' 생물들은 완전히 사라졌거나, 거의 사라졌다. 페름기 대멸종 이후, 바다의 구성원은 상당 부분 교체되었다. 오늘날 바다에서 볼 수 있는 조금 더 '현대적인' 조개류인 이매패류, 복족류가 나타났고, 성게류 등이 출현했다.

이 무서운 대멸종의 원인으로 지목된 것은 전 지구적 기후변화였다. 여기에는 복합적인 원인이 작용했던 것으로 보인다. 동위원소 분석법으로 페름기 말의 대기농도를 분석한 결과, 당시 지구의 이산화탄소 농도가 비정상적으로 높았다는 사실이 밝혀졌다.

과학자들은 대략 2억 5천만 년 전, 지구에 엄청난 규모의 용암 분출이 있었다고 추정한다. 이 과정에서 상당한 양의 이산화탄소가 대기 중으로 방출되었다. 온실기체인 이산화탄소는 지구의 기온과 수온을 크게 상승시켰고, 수온 상승은 다시 해저 메탄수화물 속에서 잠자고 있던 이산화탄소를 대기 중으로 방출시켰다. 이 연쇄반응은 이산화탄소의 농도를 유독한 수준으로 증가시키고, 산소의 농도 역시 위험한 수준으로 고갈시켰던 것으로 보인다. 현재의 서시베리아 평원에는 과거 용암이 분출했던 흔적으로 보이는, 수 킬로미터에 달하는 지층의 균열부가 있다.

또한, 페름기에는 바다의 해수면이 크게 낮아졌다. 그 과정에서 연안 생태계가 대기 중에 노출되었고 많은 해양 생물이 사멸했다. 공기 중에 노출된 해저 무기물은 온실기체인 탄산가스로 바뀌었다. 그 외에 지구 온도의 급격한 하강, 외계 운석의 충돌 등이 대멸종의 원인으로 제기되었다. 정확한 원인이 무엇이든, 확실한 것은 다양한 요인들이 페름기 말의 지구 환경을 생명체가 살기 힘들 만큼 극단으로 몰고 갔다는 점이다.

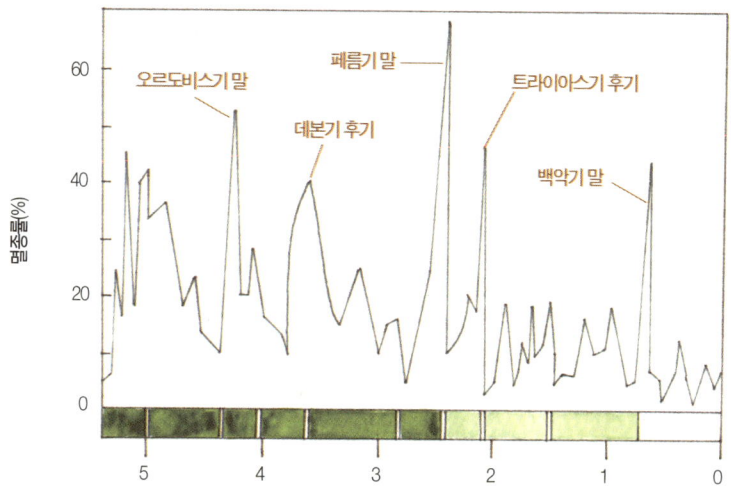

페름기 대멸종은 지구에서 일어났던 5번의 대멸종 중에서 가장 규모가 컸다. 대멸종은 대규모의 '생물 종 물갈이'에 비유할 수 있다. 대멸종 이후에는 어김없이 지구의 생물상이 달라졌기 때문이다.

그 후 지구 생물의 양상이 달라졌다. 중생대는 새로운 생물의 시대였다. 조류와 포유류의 조상이 출현했고, 공룡을 비롯한 여러 파충류(양막류)가 번성한 시대였다. 식물 영역에서는 오늘날의 소나무, 은행나무, 소철류와 같은 겉씨식물이 육상을 지배했다. 바다의 무척추동물 중에서는 페름기 대멸종에서 가까스로 살아남은 암모나이트가 크게 번성하게 된다.

지질시대를 통틀어 최고의 스타급 동물인 공룡 때문에 중생대는 '공룡의 시대' 또는 '파충류의 시대'라고 불리기도 한다. 과연 중생대에는 공룡을 비롯해 하늘을 날거나 바다를 헤엄치는 파충류인 거대한 바다거북 같은 흥미로운 생물들이 많았다. 하지만 중생대는 파충류 외에도 다양한 생물이 출현하고 진화했던 시대였다. 몇몇 흥미로운 생물에만 주목하면 하나의 지질시대가 얼마나 풍요롭고 다양한 생물상을 간직했는지 쉽게 잊게 된다.

이상한 등껍질의 출현

중생대 트라이아스기에 육지의 대부분은 축축한 늪이나 숲이었다. 아직 꽃이나 새, 털을 가진 포유류는 없었다. 소나무나 소철 같은 키 큰 겉씨식물이 땅 위에서 자랐고, 그 아래 고사리 같은 양치류가 번성하고 있었다. 아직 지구 표면은 밋밋한 녹색으로 덮여 있었다.

공룡은 쥐라기를 거쳐 백악기에 가장 번성했다. 바로 그 공룡들이 번성하기 한참 전의 일이다. 지금으로부터 최소 2억 2천만 년 전, 트라이아스기의 어느 시점에, 그때까지 누구도 본 적이 없었던 척추동물 하나가 출현했다. 이들은 방패처럼 생긴 등껍질로 몸을 감싸고 있었고, 어깨와 골반은 흉곽 안에 있었다. 훗날 거북이라 불리게 되는 이 동물군의 자연사는 이 최초의 발명품(등껍질)이 엄청난 성공작이었음을 증명해 준다. 2억만 년이 넘도록 거북의 신체 구조는 거의 변화하지 않았다. 독특한 신체 구조 덕분에 거북은 지구 대부분의 환경에 성공적으로 적응했다.

거북의 진화에서 가장 인상적인 사건은 등껍질의 출현이다. 거북의 등껍질은 생물학자들이 이구동성으로 감탄하는 기관이다. 오늘날까지도 이와 비슷한 신체 구조는 다른 동물에게서 발견되지 않는다. 이는 오직 거북만의 생존전략이자 진화적 발명품이다. 거북의 등껍질은 모양도 흥미롭지만 해부 구조도 독특하다. 그래서 학자들은 등껍질이 어디서 유래했는지, 거북이 어떤 동물에서 진화했는지 오랫동안 궁금해했다. 다음 장에서 살펴보겠지만 아직 거북의 기원은 밝혀지지 않았다. 거북의 유래와 조상은 지금도 베일에 가려 있다.

> 지구과학에 관심이 많은 친구들은 앞으로 지질연대표를 자주 접하게 될 것이다. 지질학에서는 시간의 기본단위로 백만 년을 사용한다. 이는 우리가 일상적으로 느낄 수 있는 규모가 아니다. 지질 연대표 중에 지질시대의 생물상이 간략히 표기된 것이 있다. 위와 같은 표를 보면 지구와 생물의 역사를 간략하게 알 수 있다. 이 표는 단순히 몇 개의 그림과 문자로 이루어져 있지만, 사실은 까마득한 시간의 궤적과 생명진화의 장엄함을 보여 주는 놀라운 것이다.

지 질 연 대 표

(단위: 백만 년)

이언	대	기	시기	생물 예시
현생이언	신생대	제4기	1.5	현대인의 출현
		제3기		초식성 포유류, 코끼리, 영장류의 출현
			65	
	중생대	백악기	146	속씨식물 등장 시조새, 익룡 출현
		쥐라기	199	공룡 암모나이트 원시 포유류 출현
		트라이아스기	251	
	고생대	페름기	299	파충류 및 겉씨식물 등장 곤충류 출현
		석탄기	359	양서류 출현
		데본기	416	
		실루리아기	443	필석류 번성, 갑주어 등장
		오르도비스기	488	삼엽충 출현
		캄브리아기	542	
은생이언		원생대		연질 무척추동물 및 해조류 출현
			2500	
		시생대	4600	단세포 생물 등장

1. 이토록 이상한 등껍질 19

날개처럼 펼쳐진 갈비뼈

거북 등껍질의 비밀은 갈비뼈의 형태에 있다. 더 정확히는 흉곽의 형태에 있다. 거북 등껍질은 거북의 갈비뼈(흉곽)가 펼쳐진 것이다. 흉곽은 척추동물의 심장이나 폐 등을 보호하고 호흡에 관여하는 중요한 골격 구조이다. 이것은 여러 개의 갈비뼈로 이루어진 바구니 형태의 뼈대이다. 사람의 흉곽 역시 가슴 쪽에 위치해 심장과 폐를 보호한다. 횡격막의 부피를 조절해 호흡에도 중요한 역할을 한다. 숨을 쉬면서 자신의 흉곽을 만져 보면 갈비뼈 내부가 부풀었다 줄어드는 것을 느낄 것이다. 흉곽은 여러 개의 갈비뼈가 구부러져 바구니 형태를 이루기 때문에, 영어로는 갈비뼈 바구니 rib cage라 한다. 다음 그림은 사람과 개와 거북의 흉곽을 나타낸 것이다.

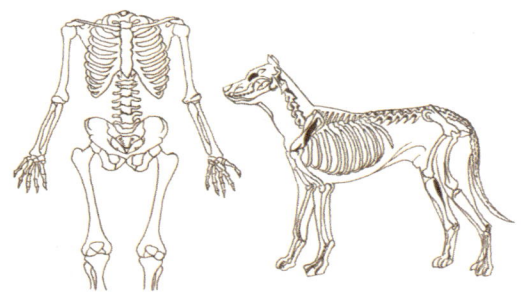

사람과 개의 흉곽
갈비뼈가 몸의 등 쪽에서부터 둥글게 구부러져 빈 바구니 형태를 이룬다. 어깨와 골반이 흉곽 밖에 있다.

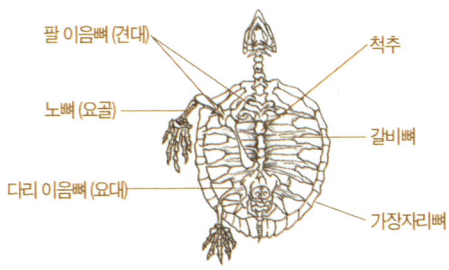

거북이의 흉곽
갈비뼈가 등 쪽에서 가슴 쪽으로 구부러지지 않고 날개처럼 옆으로 펼쳐진다. 어깨와 골반이 흉곽 안에 있다.

거북의 흉곽은 형태가 다르다. 이들의 갈비뼈는 다른 동물처럼 신체 앞쪽으로 오그라지지 않고 옆쪽으로 펼쳐진다. 다른 척추동물의 흉곽이 바구니 형태를 이룬다면, 거북의 흉곽은 넓적한 평면을 이룬다. 펼쳐진 갈비뼈 위에 피부뼈와 등딱지가 덮인 것이 거북의 등껍질이다.

이러한 갈비뼈의 형태 때문에 거북의 어깨와 골반은 거북의 흉곽 안에 있다.* 여기서 흉곽 '밖'이 아니라 '안'이라는 것이 중요하다. 다시 말해 거북의 팔다리는 모두 흉곽 '안'에서 뻗어 나오는 것이다. (따라서, 우리에게 잘 알려진 만화캐릭터 '닌자거북이'는 엄밀히 말해 거북이 아니고 (어깨와 골반이 흉곽 안에 있다) 생물학적으로도 있을 수 없는 캐릭터이다. 거북은 등껍질을 얻은 대신

---

* 더 정확히는 거북의 '팔 이음뼈(견대)pectoral girdle'와 '다리 이음뼈(요대)pelvic girdle'가 흉곽 안에 있다. 팔 이음뼈(견대)는 척추동물의 두 팔을 척추와 연결하는 뼈를 말하고, 다리 이음뼈(요대)는 척추동물의 두 발을 척추와 연결하는 뼈를 말한다. 이 책에서는 이해를 돕기 위해 그냥 어깨와 골반이라고 했다.

민첩성을 잃은 동물이다.) 이런 형태가 얼마나 괴상한지는 사람의 몸과 비교하면 알 수 있다. 우리의 어깨와 골반 위치를 떠올려 보자. 지금처럼 우리의 갈비뼈가 둥글게 오그라져서 심장을 감싸지 않고 옆으로 펼쳐져 있어서 어깨와 골반이 그 안에 위치한다고 상상해 보자. 그건 어떤 모양일까?

거북 신체 구조의 핵심은 결국 두 가지로 요약할 수 있으며, 다른 척추동물에게서 발견되지 않는 이 특징들이 거북을 그토록 독특한 생물로 만들었다.

1. 흉곽이 날개처럼 옆으로 펼쳐져 있다.
2. 어깨와 골반이 흉곽 안에 위치한다.

 ## 거북 등껍질의 구조

거북의 등껍질은 여러 층의 복합 구조를 가지고 있다. 또한, 거북의 내부 골격과 긴밀히 결합되어 있다. 거북의 껍질은 크게 등껍질, 배껍질, 측면부로 나뉜다. 여기서는 해부적으로 가장 중요한 등껍질을 먼저 살펴보자.

거북의 등껍질은 크게 두 개의 층으로 나뉜다. 하나는 뼈로 된 층이고, 다른 하나는 딱지로 된 층이다. 뼈층은 다시 두 층으로 나뉘는데, 하나는 척추와 갈비뼈로 된 내부 골격층이고, 다른 하나는 내부 골격 위에 얇은 판처럼 덮인 피부뼈층이다. 거북의 내부 골격층은 약 38개, 피부뼈층은 약 59개의 뼈로 되어 있다. 내부 골격층(척추, 갈비뼈 등)은 고양이나 사람 같은 다른 척추동물에서도 발견된다. 하지만 피부뼈층은 거북 등껍질, 어류의 비늘 등에서만 발견되는 조금 독특한 뼈이다. 이것은 피부(진피층)가 변해서 뼈가 된 것이다. 피부뼈층은 거북의 내부 골격 위에 얹혀 있는 얇은 뼈판에 가깝다.

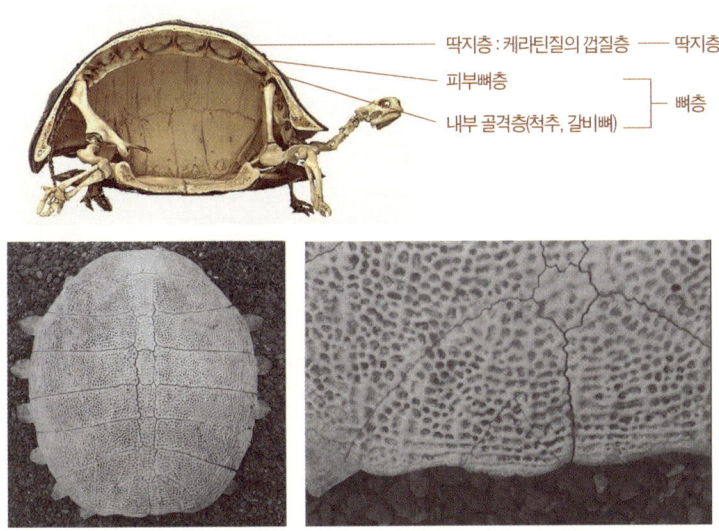

거북의 피부뼈
거북은 척추동물 중에서 피부뼈가 가장 발달한 생물이다. 이것은 피부의 진피층이 변해서 된 뼈로, 어류비늘 등에서만 발견되는 원시적인 뼈 구조로 알려져 있다. 사진에서 거북의 피부뼈가 척추와 갈비뼈를 촘촘하게 덮고 있다. 이 위에 케라틴질의 딱지가 덮인 것이 거북의 등껍질이다.

거북의 배껍질 역시 피부뼈로 되어 있다. 보통 9개~11개 정도의 넓적한 뼈가 거북의 배를 덮는다. 배껍질은 아주 이른 시기부터 형성되며 거북종에 따라 형태가 다르다. 보통 육지거북은 견고하고 잘 발달된 배껍질을, 민물에 사는 거북들은 비교적 작은 배껍질을 가진다. 어떤 종들은 거의 십자 형태로 축소된 형태를 보이는데, 이는 네 발의 움직임을 자유롭게 하기 위한 것이다. 거북종마다 차이가 있지만 목과 네 다리의 움직임을 편하게 하기 위해서 목과 닿는 부분, 발과 만나는 부분의 배껍질은 약간씩 변형되어 있다.

거북의 배 발생과 등껍질의 형성

거북의 등껍질과 독특한 해부 구조는 거북이 아주 어렸을 때부터 발견된다. 다시 말해 거북의 배 발생 초기부터 관찰된다. 배(embryo)란 생명체의 씨앗 같은 것이다. 사람은 물론 물고기, 개, 닭 등의 동물은 모두 배에서 성장한다.

자손을 낳을 때 서로 다른 성(수컷과 암컷)이 만나 번식하는 방법을 유성생식이라 한다. 유성생식을 하는 생물의 정자와 난자가 만나면 수정란이 만들어진다. 이것이 생명의 가장 작은 씨앗인 배다. 배가 분화, 발달해서 나중에 커다란 생물이 된다. 흥미로운 것은 배의 초기 단계는 생물 종에 관계없이 서로 비슷하다는 점이다. 사람과 개, 물고기는 엄연히 다른 생물이지만 배 단계에서는

다양한 동물의 배 발생 모식도

배는 생명체의 가장 작은 씨앗이다. 사람과 개, 물고기의 배는 발생 초기에 뚜렷이 구분되지 않는다. 독일의 유명한 생물학자였던 헤켈은 이를 근거로 "개체발생은 계통발생을 반복한다."라는 유명한 문구를 남겼다. 이는 생물이 거쳐 온 진화 과정은 그 개체의 배 발생 단계에서 동일하게 재현된다는 주장이다. 즉, 사람의 배는 훨씬 원시적인 물고기와 닭, 돼지의 배 발생과정을 모두 거친다는 것이다. 그러나 지금은 배 발생을 아무리 연구해도 실제 생물이 겪어 온 진화 과정은 알아낼 수 없다는 사실이 밝혀졌다.

이를 정확히 구별할 수 없다.

그렇다면 거북의 배 발생에서는 어떤 일이 일어날까? 1989년, 거북의 배 발생을 다룬 유명한 논문에서 앤 버크(Ann C. Burke) 교수는 중요한 메커니즘 하나를 밝혀냈다. 그녀는 거북의 배에서 갈비뼈를 이루는 세포들이 다른 척추동물처럼 몸 앞쪽을 향하지 않고, 측면으로 이동한다는 사실을 발견했다. 다시 말해 거북은 아주 이른 생애 초기부터, 흉곽을 바구니 모양으로 만들지 않고 옆으로 펼칠 준비를 한다는 것이다.

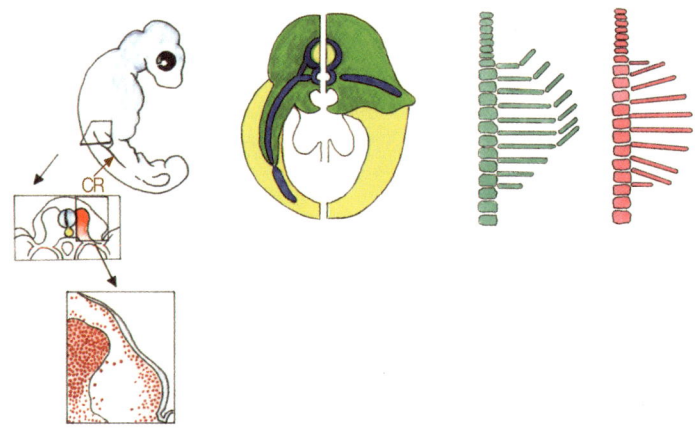

등딱지 마루(CR)와 거북의 배 발생
등딱지 마루(CR 부분)는 나중에 거북 등껍질의 측면 가장자리가 될 부분이다. 다른 척추동물과 달리, 거북은 배 발생 초기에 갈비뼈 세포가 등딱지 마루 안으로 삽입된다. 이 때문에 갈비뼈가 가슴 쪽으로 구부러지지 않고 옆으로 펼쳐진다. 중간 그림은 닭(좌)과 거북(우)의 배를 몸통 방향에서 들여다본 것이다. 맨 위쪽에 척추가 있고 파란색 부분이 갈비뼈이다. 배 발생 초기에 닭의 갈비뼈는 가슴 쪽으로 구부러지지만, 거북의 갈비뼈는 등딱지 마루(CR 부분)와 결합해 옆으로 펼쳐진다. 마지막 그림은 닭(좌)과 거북(우)의 갈비뼈가 펼쳐지는 방식을 위에서 바라본 것이다.

그녀는 거북의 배에서 나중에 거북 등껍질의 측면 가장자리를 이룰 부분을 '등딱지 마루 carapacial ridge'라고 명명했다. 그 발견의 핵심은 거북의 갈비뼈를 이루는 세포들이 배 발생 초기에 등딱지 마루(CR) 안으로 들어가 융합된다는 것이었다. 즉, 갈비뼈가 될 부분이 나중에 등껍질 가장자리가 될 부분 안으로 들어간다는 것이다.

이는 거북 등껍질의 뼈층에서 뼈들이 단순히 얹혀 있는 게 아니라, 유기적으로 결합돼 있음을 보여 준다. 갈비뼈는 내부 골격층,

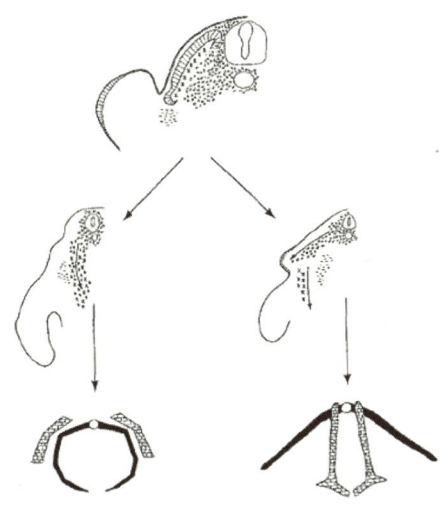

앤 버크 교수가 1989년에 발표한 유명한 논문에 실린 삽화
제일 아래 그림은 서 있는 척추동물을 몸통 방향에서 들여다본 것이다. 하얀색 동그라미는 척추를 나타내고, 까만색 선은 갈비뼈의 형태, 그리고 회색 줄무늬는 어깨와 골반의 위치를 나타낸다. 배 발생 초기에 거북의 갈비뼈 세포는 측면의 등딱지 마루와 결합한다. (오른쪽 그림) 특히 형태가 달라지는 갈비뼈 때문에 거북의 어깨와 골반은 흉곽 안에 있다.

등딱지 마루는 피부뼈층에 속한다. 피부뼈는 단순히 내부 골격 위에 덮인 얇은 뼈판에 불과한 것이 아니라, 내부 골격 자체가 피부뼈 안으로 융합, 삽입된 것이다.

거북의 딱지층

이러한 거북의 뼈층 위에는 딱지층이 있다. 이 둘을 합쳐 거북의 등껍질이라 부른다. 딱지층은 뼈가 아니라 케라틴질로 되어 있다. 케라틴은 곤충의 껍질이나 사람의 손톱 등을 이루는 성분으로, 딱지층의 두께는 거북종에 따라 얇게는 0.5cm, 두껍게는 4~5cm 이상이다.

거북 딱지층은 일차적으로 거북의 뼈층을 보호한다. 또 거북에게 보호색을 제공해 천적이나 먹이에게 쉽게 발견되지 않게 한다. 이 때문에 거북 등딱지의 형태와 색깔은 놀랄 만큼 다양하다. 거북의 딱지층은 수분저장, 체온조절 등 생리학적 역할도 담당한다는 사실이 밝혀져 있다.

거북 등딱지는 사각형, 오각형, 육각형 형태의 얇은 판들이 모자이크처럼 중첩된 형태를 이룬다. 거북이 자랄 때마다 모자이크 가장자리에 새로운 케라틴질이 첨가되어 등딱지 역시 성장한다. 등딱지는 주기적으로, 계절의 영향을 받으면서 성장한다. 그래서 나이테를 보고 나무의 나이를 알 수 있듯이 거북의 등딱지를 살펴보면 거북의 나이를 알 수 있다. 하지만 이것은 비교적 어린 거북들과 겨울잠을 자는 온대 지방의 거북들에게만 해당되는 이야기이다. 나머지 거북들은 등딱지를 봐도 나이를 가늠할 수 없다.

아프리카의 플로셰어 육지거북
거북의 딱지층은 다양하고 아름다운 문양을 갖고 있다. 사람들은 오래전부터 거북의 등딱지를 공예품, 장식품으로 이용해 왔다.

그 외에 등딱지가 없는 거북도 있다. 바다거북 중에서도 장수거북은 등딱지가 없다. 몇몇 민물거북도 등딱지가 아닌 부드러운 가죽질의 외피를 가진다. 대개 건조한 지역에 사는 육지거북일수록 등딱지가 단단하고 두꺼운 것으로 알려져 있다.

하늘을 나는 거북?

거북은 등껍질 덕분에 거의 독보적인 방어능력을 갖추게 되었다. 자연 상태에서 다 자란 거북을 해칠 수 있는 생물은 거의 없다. 백상아리나 범고래, 악어나 재규어와 같은 몇몇 최상위 포식자만이 거북을 해칠 수 있다. 그들 역시 거북의 등껍질이 아니라 대부분 연약한 목이나 사지를 공격한다.

하지만 등껍질 때문에 거북이 포기해야 했던 것도 있다. 멋진 방패를 가진 대가로 거북은 민첩성을 희생했다. 거북은 느림보의 대명사이다. 거북의 어깨와 골반은 흉곽 안에 있어서 사지의 움직임이 자유롭지 못하고 몸통의 유연성과 탄력성이 거의 제로 수준이다. 몸통을 자유자재로 움직이는 물고기나 도마뱀, 포유류에 비하면 거북의 움직임은 기어가는 수준이다.

거북은 독특한 신체 구조 덕분에 바다, 사막, 초원 등 지구 대부분의 환경에 성공적으로 적응했다. 하지만 거북이 정복하지 못했고 앞으로도 별로 그럴 가망이 없어 보이는 두 영역이 있으니 바로 나무와 하늘이다. 거북은 다리의 움직임이 제한적이고 몸통이

거북은 바다와 사막을 비롯해 지구 대부분의 환경에 성공적으로 적응했다. 하지만 등껍질 때문에 나무와 하늘만은 정복하지 못했다.

유연하지 않아 도마뱀처럼 나무를 탈 수 없다. 또 등껍질의 무게 때문에 하늘을 날 수도 없다.

어떤 진화적 기적이 일어나서 수백, 수천만 년이 지나면, 거북도 하늘을 날 수 있을까? 나는 잠시 글쓰기를 멈추고 하늘을 나는 거북을 상상해 본다. 쉽게 상상이 되지 않지만, 어쩐지 거북이 하늘을 나는 모습은 무척 정겹고 신 날 것만 같다. 시인이나 예술가들이 종종 하늘을 나는 거북을 이야기하는 것도 그래서일까?

🔸 파충류 이야기

　거북은 보통 악어나 뱀처럼 파충류로 분류된다. 하지만 이것이 처음부터 간단한 문제는 아니었다. 거북과 파충류의 관계는 오랫동안 학자들을 괴롭혀 온 주제였다. '파충류 그룹 내에서 거북의 위치는 어디인가?' 여기에 대해서는 많은 논란이 있었다. 거북을 파충류 그룹에 넣을 수 없다고 주장하는 학자도 있었다. 2장에서 살펴보겠지만 거북은 분류학적으로 매우 문제적인 동물이다. 현재는 거북이 다른 현생 파충류(뱀, 악어, 도마뱀 등)와 조금 다른, 독자적인 파충류로 인정되고 있다. 파충류는 여러 면에서 독특한 생물이다. 거북뿐 아니라 바다거북을 이해하기 위해 파충류가 어떤 생물인지 잠깐 살펴보자.

　지구 생물의 긴 역사는 어떤 의미에서는 바다로부터의 기나긴 탈출기였다. 학자들은 지구 생명체가 대략 35억 년 전, 바다에서 처음 출현했다고 추정한다. 원시지구는 생명체가 살기에 그리 좋은 환경이 아니었던 것으로 보인다. 유독가스와 용암, 어둠으로 가득 찬 위험한 공간이었을 것으로 추정된다. 그래서 30억 년 이상, 지구의 생명체는 훨씬 안전한 장소였던 바다에 머물렀다.
　고생대 무렵부터 바다에 살던 생물들은 하나둘 육지로 올라왔다. 하지만 바다에 살던 생명체에게 육지는 결코 만만한 장소가 아니었다. 육지로 진출한 생물도 대부분 물가 근처에서 살거나, 다시 자손을 낳으러 물가로 돌아와야 했다. 바다, 물과의 질긴 연결고리를 끊어낸 최초의 동물은 오늘날 파충류의 조상인 양막류였다.
　바다에서 육지로 진출한 최초의 척추동물은 몇몇 대담한 물고기였던 것으로 보인다. 육지에서도 제한적으로 숨을 쉴 수 있는 폐어나, 불완전한 지느러미로 땅 위를 걸을 수 있는 망둥이 같은 어류였을 것이다. 이들이 육지로 진출하면서 지느러미는 발이 되었고, 그 과정에서 네 발 달린 척추동물이 출현했다. 이것이 오늘날 개구리, 두꺼비 같은 양서류이다.

양서류는 야심만만히 육지로 진출했지만 여전히 물에 매여 있었다. 이들은 폐가 불완전해 피부호흡을 해야 했다. 피부호흡에는 습기와 물이 필요해 양서류는 물기를 오래 떠날 수 없었다. 무엇보다 양서류는 알을 낳을 때 물이 필요했다. 양서류는 물속에 알을 낳았다. 그래서 완전히 물을 떠날 수 없었다.

물과의 결별은 파충류(양막류) 단계에 와서야 실현되었다. 파충류는 물과의 연결고리를 끊은 최초의 동물이다. 이들은 양서류와 달리 호흡을 하는 데 물이 필요하지 않았다. 질긴 비늘이 몸을 촘촘히 덮어 수분상실을 막아 주었고, 수컷이 암컷의 몸속에 생식기를 삽입해 수정(체내수정)을 했다. 또 진정한 의미의 알이 발명되면서 더 이상 하천이나 민물 속에 알을 낳을 필요가 없게 되었다.

파충류(양막류)의 육상진출에 결정적인 역할을 한 것은 양막란이라는 알의 발명이다. 양막란은 양막이 있는 알이라는 뜻으로, 오늘날 파충류와 조류, 알을 낳는 포유류의 알은 모두 양막란이다. 사람이 먹는 달걀, 오리알, 거위알도 모두 양막란이다.

양막란의 혁신은 알 속에 어린 개체가 자급자족할 수 있는 '작은 자연'을 만들어 주었다는 데 있었다. 양막란이 발명되기 전에는 생물의 어린 개체들이 실제 하천이나 연못에서 부화해야 했다. 오늘날에도 개구리 같은 양서류의 알은 여전히 물속에서 부화한다. 이런 알들은 생존에 필요한 물질을 주위에서 쉽게 얻을 수 있다. 동시에 노폐물 배출도 수월하게 이루어진다. 하지만 이들은 수중이라는 위험한 환경에 무방비 상태로 노출되어 있었다. 이 알들에게는 스스로를 보호할 수 있는 구조가 거의 없었다. 양막란은 이런 상황을 반전시켰다. 실제 하천이나 연못 대신, 그것들과 거의 조건이 비슷한 액체 공간을 단단한 알 속에 탄생시킨 것이다. 작지만 모든 것이 갖춰진 원룸처럼 새끼들은 '알'이라는 개인용 연못을 하나씩 가지게 된 것이다.

새끼들은 양막이라는 얇은 막에 둘러싸여 산소와 영양분을 공급받았다. 양막은 바닷물과 성분이 거의 비슷한 액체로 둘러싸여 있었다. 두 개의 주머니가 새끼와 연결되어 있었다. 그중 하나는 영양분을 공급하는 주머니였고, 다른 하나는 새끼에게서 나오는 노폐물을 처리하는 주머니였다. 이렇듯 분화된 주머니와 양막 그리고 단단한 껍질 덕분에 파충류는 알을 더 이상 물속에 낳을 필요가 없었다. 육지에 낳을 수 있는 최초의 진정한 알. 이것이 파충류, 더 정확히는 이들의 조상인 양막류의 혁신이었다.

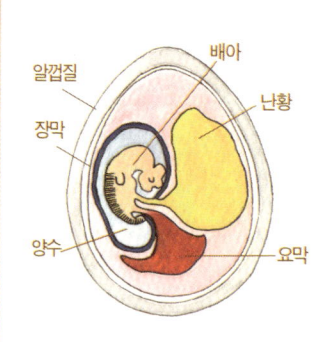

양막란의 구조

어린 새끼는 양막으로 둘러싸여 두 개의 주머니를 달고 있다. 하나는 영양분을 공급하고, 다른 하나는 노폐물을 저장하는 주머니이다. 그 주변은 바닷물과 성분이 비슷한 액체로 가득 차 있다. 양막란 덕분에 파충류의 조상은 더 이상 물에 알을 낳지 않아도 되었다. 진정한 의미의 알이자 '천연 인큐베이터'인 양막란은 약 3억 5천만 년 전에 출현한 놀라운 진화적 혁신이었다.

그러면 파충류의 생태는 어떨까? 파충류의 생태에서 핵심은 파충류가 변온동물이라는 점이다. 이는 파충류의 사냥, 번식, 짝짓기, 동면 등 생활사 전반에 결정적인 영향을 미친다. 사람이나 개, 고양이 같은 포유류는 정온동물이다. 정온동물은 주변 온도에 관계없이 체온을 일정하게 유지할 수 있다. 여름이나 겨울에도 사람의 체온은 36.5도 안팎을 벗어나지 않는다. 사람은 체온이 기준온도에서 섭씨 2도 가량만 벗어나도 위험한 상황에 처한다.

정온동물은 주변 온도에 관계없이 체온을 일정하게 유지할 수 있기 때문에 기후나 온도의 영향에서 비교적 자유롭다. 그래서 정온동물은 사막의 낙타나 북극곰처럼 극한 환경에서도 살 수 있다. 물론 여기에도 대가는 따른다. 주변 온도와 무관하게 체온을 유지하는 데는 상당히 많은 에너지가 필요하다. 정온동물은 이 에너지를 대부분 음식에서 얻기 때문에 체온을 높이기 위해 아주 많은 음식을 먹어야 한다. 사람 역시 먹은 음식의 90% 이상이 체온 유지에 쓰인다. 사람은 먹기 위해 사는 동물은 아닐지 몰라도, 따뜻한 피를 유지하기 위해서 어쨌든 많이 먹어야 한다.

반면 변온동물은 주변 온도에 영향을 받는다. 너무 덥거나 추우면 이들의 신진대사는 방해를 받는다. 온도가 아주 낮을 때 변온동물이 움직임을 멈추지 않으면 혈액이 얼어 체내 조직이 파괴된다. 변온동물이 겨울잠을 자는 것도 그래서이다.

하지만 변온동물은 정온동물이 잃어버린 다른 능력도 갖추고 있다. 파충류는 햇빛에서 에너지를 얻을 수 있다. 이 말은 파충류가 식물처럼 광합성을 해서 에너지를 생산할 수 있다는 뜻이 아니라, 햇빛을 통해 체온을 높일 수 있다는 뜻이다. 정온동물이 체온을 유지하기 위해 그렇게 많은 음식을 먹는 걸 생각하면, 파충류는 '햇빛을 먹는다'고도 할 수 있다. 포유류가

정온동물은 변온동물에 비해 훨씬 많은 음식을 먹는다. 파충류는 같은 크기의 포유류가 섭취하는 열량의 5%만으로도 생존할 수 있다는 연구 결과가 있다.

음식으로 섭취하는 일을 변온동물은 햇빛을 통해 달성하는 것이다. 파충류는 '햇빛을 먹을 수' 있기 때문에 포유류에 비해 먹이에 대한 의존도가 높지 않다. 이 점에서는 파충류가 포유류보다 훨씬 자유롭다.

파충류는 체온 유지에 많은 에너지를 쓸 필요가 없다. 그래서 섭취한 먹이의 많은 부분을 자신의 신체조직, 근육 등으로 바꿀 수 있다. 이것을 다른 말로 '파충류가 포유류에 비해 생물량 전환효율biomass conversion efficiency이 높다'라고 한다. 포유류는 먹이를 많이 먹지만, 그 에너지를 대부분 자신을 유지하는 데 쓴다. 즉, 체온 유지나 호흡에 사용한다. 그래서 소비한 먹이의 전체 열량 중에서 상당히 적은 비율만이 신체조직이나 근육 등으로 전환된다. 자동차에 비유하자면, 워낙 유지비가 비싸 다른 곳에 신경을 쓸 틈이 별로 없는 것이다.

반면 파충류는 햇빛을 통해 에너지를 얻기 때문에 체온유지나 호흡에 많은 에너지를 쓸 필요가 없다. 대신 이들은 먹이로 섭취한 열량 중 훨씬 많은 비율을 새로운 조직생산, 성장 등에 쓴다. 그래서 파충류는 포유류보다 생태계 기여도가 높다. 즉, 생태계 먹이사슬에 훨씬 더 많은 열량(먹이)을 제공하는 쪽은 파충류이다. 파충류는 생태계의 자원을 적게 소비하면서도, 이를 효율적으로 신체조직, 근육 등으로 전환해 체내에 풍부한 열량(먹이)을 저장한다. 자연의 입장에서는 포유류 하나를 키우는 비용이 파충류보다 훨씬 비싸게 먹히는 것이다.

대부분의 사람들은 공룡이나 거북 정도를 제외하면 일반적으로 파충류를 꺼린다. 파충류의 사냥 장면이나 포악함, 징그러운 비늘 등에는 뭔가 징그럽고 소름 끼치는 데가 있다. 하지만 그런 것들에만 주목하면 파충류가 얼마나 겸허한 생물인지에 대해서는 모르고 지나칠 수 있다. 파충류가 생태계에 끼치는 피해는 포유류보다 훨씬 적다. 실제 통계수치로 본다면 파충류보다 잔인한 것은 사람이나 개, 고래 같은 포유류일 것이다. 동물의 생명은 먹이로 섭취한 생물로 유지되는 것인데, 포유류가 섭취한 먹이는 파충류보다 엄청나게 많다.

이 책에서 다루고 있는 바다거북도 변온동물이고 파충류이다. 거북은 파충류의 매력인 조용함과 강인함을 지닌 생물이다. 바다거북도 파충류라는 사실을 생각하면 바다거북의 습성과 생태를 훨씬 더 쉽게 이해할 수 있을 것이다.

여담이지만 필자가 대학을 다니던 시절, 배낭여행을 가려고 힘들게 돈을 모으던 때가 있었다. 그 무렵 나도 햇빛에서 에너지를 얻을 수 있다면 얼마나 좋을까 하는 생각을 했던 적이 있다. 그러면 굳이 먹지 않고도 햇볕만 쬐면서 세계 여러 나라를 돌아다닐 수 있을 것 같았기 때문이다. 가끔 TV에서 도마뱀이나 거북이 햇볕을 쬐는 모습을 보면 그런 생각이 든다. 아주 먼 옛날 지구에 살았던 생물들은 우리보다 지구의 기본적인 원소들인 바람이나 햇빛, 물, 대지 같은 요소들과 훨씬 더 가까이 있었을 거라고 말이다.

02

원시 거북 프로가노켈리스

1887년, 독일 남부 뷔르템베르크의 트라이아스기 지층에서 몸길이 1m 정도의 거북 화석이 발견되었다. 이 거북이 살았던 시대는 대략 2억 년~2억 1천만 년 전으로 추정되었다. 이 원시 거북은 오늘날의 악어거북과 비슷한 모습을 하고 있었다. 사나운 포식자로부터 몸을 지키기 위해 등껍질과 목, 꼬리에 뾰족한 돌기가 있었고 현생 거북에게는 없는 이빨이 있었다. 화석을 발견한 독일의 고생물학자 게오르그 바우어Georg Baur는 이 거북에게 프

원시 거북 프로가노켈리스
오랫동안 지구 최초의 거북으로 알려졌던 프로가노켈리스는 약 2억 1천만 년 전에 서식했다. 이들은 오늘날의 악어거북(오른쪽)과 비슷했던 것으로 보인다. 습성 역시 사나웠을 것으로 추정된다.

로가노켈리스Proganochelys라는 이름을 붙였다.

프로가노켈리스는 오랫동안 가장 오래된 거북화석으로 알려져 왔다. 다른 원시 거북이 발견되지 않았을 때 이들은 지구에 살았던 모든 거북의 조상으로 여겨졌다. 하지만 최근 수십 년간 태국, 그린란드, 아르헨티나, 북아메리카, 중국 등에서 다양한 원시 거북 화석이 출토되었다. 이들 중 몇몇은 연대 면에서 프로가노켈리스를 앞서고, 특징 면에서도 프로가노켈리스보다 원시적이다. 지금은 프로가노켈리스가 가장 오래된 거북이라든지 최초의 거북이라고 말할 수는 없다. 또 앞으로 새로운 화석들이 얼마든지 발견될 수 있다는 가능성을 생각할 때, '최초의 거북'과 같은 표현들은 어디까지나 잠정적으로 받아들이는 게 현명할 것이다.

화석으로 남은 프로가노켈리스는 오늘날의 거북과 크게 다르지 않았다. 등껍질도 잘 발달해 있었고 어깨와 골반이 흉곽 안에 있는 거북의 골격 구조도 분명하게 발견되었다. 프로가노켈리스 단계에서는 이미 거북의 기본적인 시스템이 완성되어 있었다. 이것은 거북의 신체 구조가 2억 년이 넘도록 거의 변하지 않았다는 뜻이었다.

학자들은 프로가노켈리스가 더없이 귀중한 화석이지만 거북의 조상에 대해서는 아무것도 알려 주지 않는다는 데 입을 모아 동의한다. 학자들이 찾고 있던 것은 거북의 놀라운 '하드웨어'가 어떻게 만들어졌고, 그것이 어디서 유래했느냐 하는 점이었다. 프로가노켈리스는 이 '하드웨어' 개발을 거의 완료한 거북이었다. 거북의 조상을 찾으려면 프로가노켈리스보다 더 원시적인 생물의 화석이 있어야 했다. 프로가노켈리스보다 조금 더 불완전한 등껍질을 가졌고, 조금 더 엉성한 거북의 골격 구조를 보여 주는 생물의 화석이 필요했던 것이다.

미지의 조상 → 중간 단계 화석 → 프로가노켈리스

학자들은 거북이 어떤 생물에서 진화했는지를 알려 줄 중간 단계의 화석을 오랫동안 기다려 왔다.

거북의 조상 찾기는 결국 거북 등껍질의 유래 찾기와 같다. 1장에서 보았듯이 거북 등껍질은 거북만의 진화적 발명품이다. 거북 등껍질의 유래가 밝혀지면, 거북의 진화적 기원도 밝혀낼 수 있다. 또 이 문제는 거북을 어떤 동물그룹에 포함시킬 것인가 하는 거북의 분류와도 관계가 있다. 거북 등껍질은 거북의 진화와 분류라는 핵심적인 문제와 얽혀 있는 것이다.

학자들은 오랫동안 거북 등껍질의 유래나 거북의 진화, 거북의 분류에 대해 상반된 주장을 펼쳐 왔다. 그 이야기를 하나씩 살펴보자.

거북은 문제아

거북은 진화적으로나 분류학적으로 매우 문제적인 동물이다. 거북은 다른 파충류와 신체형태, 배 발생, DNA 서열 등이 크게 다르다. 거북의 분류는 학계에서 오랫동안 풀리지 않은 숙제였고 지금도 논란은 이어지고 있다. 거북의 진화 그리고 분류와 관련된 지금까지의 중요한 쟁점들은 아래와 같다.

"거북은 현생 파충류와 같은 그룹에 속하는가? 별개의 그룹에 속하는가?"
(거북은 뱀, 악어, 도마뱀 같은 일반파충류 그룹에 속하는가 아니면 별개의 그룹에 속하는가?)
"거북은 육지에서 기원한 생물인가? 물에서 기원한 생물인가?"
(최초에 거북은 육지생물이었는가 아니면 수생생물이었는가?)
"거북 등껍질은 점진적으로 만들어진 것인가? 완전히 새로운 돌연변이인가?"
(거북 등껍질은 다른 조상 생물의 기관이 서서히 변해서 만들어진 것인가 아니면 조상 생물 없이 돌연변이처럼 출현한 것인가?)

이 세 가지 질문은 각각 거북의 분류, 기원, 등껍질의 유래에 대한 것이다. 하지만 거북 논쟁에서는 모든 쟁점들이 서로 거미줄처럼 얽혀 있다. 다시 말해 하나의 질문은 다른 질문과 독립적인 것이 아니다. 예를 들어 첫 번째 질문에서 거북이 현생 파충류와는 별개의 그룹이라는 견해를 지지한다고 하자. 이 입장은 자연스럽게 두 번째 쟁점과 맞물린다. 거북의 계통이 현생 파충류와는 다르다고 말하는 학자들은 거북의 조상으로 중생대 트라이아스기의 원시 파충류인 무궁형 양막류를 지목한다. 무궁형 양막류는 두개골 측면에 구멍이 없고 현생 파충류와는 계통이 다른, 조금 더 원시적인 파충류(양막류) 그룹이다. 그런데 이들은 육상 파충류이다. 따라서 자연스럽게 거북은 육지에서 기원한 생물이 되는 셈이다. 첫 번째 질문에서 지지한 견해가 두 번째 질문에서 다시 한쪽 입장을 지지한 결과로 나타난 것이다. 이런 예는 아주 많고 이것이 거북에 대한 논쟁을 놀랄 만큼 복잡하게 만든다. 위에서 말한 세 가지 쟁점을 하나씩 살펴보자.

거북은 파충류일까?

현재 거북은 파충류로 분류된다. 하지만 처음부터 이 문제가 간단했던 것은 아니다. "거북은 현생 파충류 그룹의 일원인가?"라는 질문은 거의 100년간 이어진 거북 분류 논쟁의 핵심이었기 때문이다. 어떤 학자들은 거북이 현생 파충류 그룹의 일원이라고 주장한다. 또 다른 학자들은 거북이 현생 파충류와 계통이 다른, 좀 더 원시적인 그룹에 속한다고 주장한다. 각각의 견해에 따라 거북의 조상으로 지목되는 생물이나 등껍질의 유래에 대한 설명도 달라진다.

거북은 현생 파충류 그룹에 포함되는 동물일까? 이 질문은 오랫동안 거북 분류 논쟁의 핵심이었다.

거북의 분류를 말하기 전에 잠깐 소개할 용어가 있다. 평소에는 거의 쓰지 않는 말이지만, 거북은 엄밀하게 '양막류'에 속하는 동물이다. 양막류란 파충류보다 큰 분류군으로 파충류를 포함하는 개념이다. 양막류는 현존하는 조류, 파충류, 포유류의 공통조상이다. 또 양막란을 낳는 생물 그룹 전체를 지칭하는 말이기도 하다. 거북의 분류 문제는 결국 양막류라는 커다란 동물 그룹 안에서 거북을 어디에 위치시킬까 하는 문제와 같다. 양막류는 파충류의 상위그룹이다. 그래서 거북을 양막류 내에서 어디에 두느냐에 따라, 거북은 현생 파충류 그룹의 일원이 되기도 하고, 별개의 그룹이 되기도 한다. 그러면 양막류 내에서 거북이 어떻게 분류되어 왔는지를 간단히 알아보자.

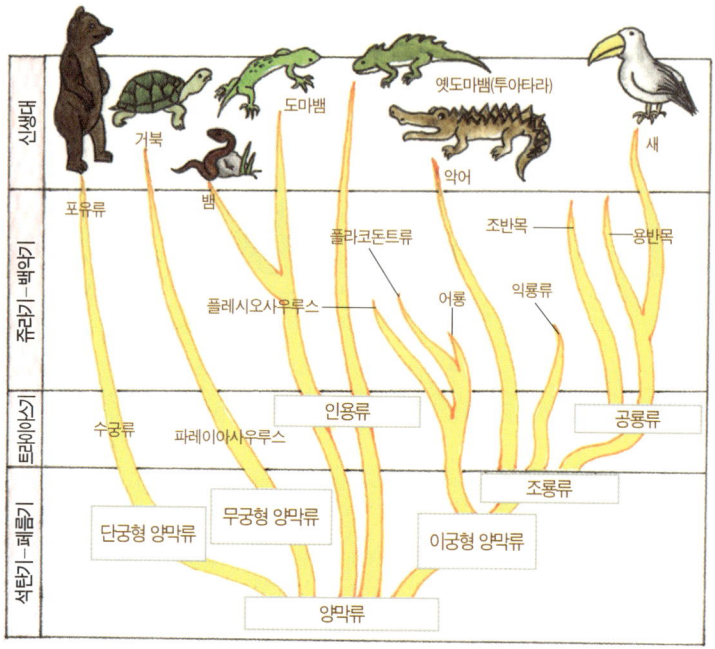

고전적인 양막류 계통도
현재는 폐기된 분류 방식이다. 양막류는 조류, 포유류, 파충류의 공통조상이자, 양막이라는 알을 낳는 생물그룹 전체를 지칭하는 말이다. 양막류 내에서 거북의 분류학적 위치는 오랫동안 논란의 대상이었다.

20세기 초에, 미국의 고생물학자였던 헨리 오스본, 사무엘 윌리스턴 같은 이들은 양막류 분류의 고전적인 방법을 정식화했다. 이 방법은 오랫동안 양막류 분류의 정석으로 받아들여졌다. 바로 양막류의 두개골 측면에 있는 구멍의 숫자를 헤아리는 것이었다. 두개골 측면의 구멍 숫자에 따라 그들은 양막류를 크게 세 그룹으로 나누었다. 두개골 측면에 구멍이 없는 그룹은 무궁형(無弓型), 구멍이 하나인 그룹은 단궁형(單弓型), 구멍이 두 개인 그룹은 이궁형(二弓型) 양막류였다.

무궁형 양막류   단궁형 양막류   이궁형 양막류

전통적인 양막류 분류
오랫동안 양막류의 분류기준은 두개골 측면에 있는 구멍의 숫자였다.

프로가노켈리스를 비롯한 오늘날의 거북의 두개골 측면에는 구멍이 없다. 이 때문에 거북은 처음에 '무궁형' 양막류로 분류되었다. 무궁형은 양막류 중에서도 가장 초창기에 출현한 그룹이다. 반면 이궁형 양막류는 뱀, 악어, 도마뱀과 같은 현생 파충류의 직계 조상이다. 그래서 거북은 현생 파충류와 진화적 기원이 다른 원시 파충류의 직계 자손으로 여겨졌고 '원생 파충류root reptile, stem reptile', '살아 있는 화석' 등으로 불렀다. 이 말은 거북이 현생 파충류와는 계통이 다른 원시적인 파충류 그룹에 속한다는 뜻이었다. 거북의 '무궁형' 분류는 20세기 후반까지 오랫동안 정설로 받아들여졌다.

거북의 '무궁형' 설을 지지하는 학자들이 특별히 거북의 조상으로 지목하는 생물이 있다. 바로 원시 육상 파충류였던 파레이아사우루스Pareiasaurs이다. 파레이아사우루스는 돼지만 한 크기로 매우 단단하고 뚱뚱한 몸매를 가진 동물이었다. 마이클 리Lee.M.S.Y를 비롯한 몇몇 학자들은 파레이아사우루스의 뼈판이 거북의 등껍질로 진화했고 시간이 흐르면서 양쪽 어깨가 점점 뒤로 밀려나 흉곽 안으로 들어갔다고 주장한다. 파레이아사우루스는 거북처럼 발달한 피부뼈를 가졌고 견갑골의 형태도 거북과 비슷하다. 갈비뼈 역시 비교적 평평하게 펼쳐져 있어, 충분히 거북의 골격 구조로 발전할 가능성이 있어 보인다. 동시에 이 주장은 거북 등껍질이 돌연변이처럼 생겨난 게 아니라, 다른 조상 생물로부터 점진적으로 발전했다는 가설을 지지한다.

파레이아사우루스는 확실히 거북과 닮은 점이 많은 동물이다. 하지만 이 견해에 대한 결정적인 반박은 1장에서 소개한 거북의 배 발생 연구에서 제시되었다. 배 발생 단계에서 거북의 갈비뼈는 거북의 피부뼈 속으로 삽입된다. 단순히 뼈판이 갈비뼈 위에 얹힌 게 아니라, 그 양쪽이 유기적으로 결합되어 있다. 만약 파레이아사우루스의 등 쪽에 있는 뼈판이 점진적으로 등껍질이 되었다면, 거북의 배 발생에서 관찰되는 복잡한 골격 형성을 어떻게 설명할 수 있을까? 이 복합적인 구조를 파레이아사우루스 가설은 충분히 설명하지 못한다.

또한, 배 발생에서는 거북의 어깨뼈가 서서히 뒤로 물러나 흉곽 안으로 들어가지도 않는다. 이는 발생학 분야의 유명한 문구인 '개체발생은 계통발생을 반복한다.'와 관련된 주장이다. 만약 거북이 파레이아사우루스에서 진화했고, 파레이아사우루스의 어깨가 뒤로 물러나 흉곽 안으로 들어갔다면, 거북의 배 발생에서도 똑같이 어깨가 뒤로 물러나 흉곽 안으로 들어가는 모습이 관찰되어야 한다는 것이다. 물론 이 유명한 문구는 검증할 수 없어서 보편적인 법칙으로 인정되지는 않았다. 또 배 발생을 아무리 연구해도 구체적인 계통발생 과정을 알 수 없다는 사실이 밝혀져 있다. 하지만 '파레이아사우루스' 가설이 거북 등껍질의 유기적 구조를 충분히 설명하지 못하고 있다는 것은 사실이다.

거북의 조상 또는 직계친척으로 지목되는 생물들
거북의 무궁형 기원을 주장하는 쪽에서는 파레이아사우루스(왼쪽)를, 이궁형 기원을 주장하는 쪽에서는 기룡류(원시 수장룡, 오른쪽)를 거북과 가까운 생물로 보고 있다.

한편, 거북이 무궁형 양막류가 아니라 이궁형 양막류라는 주장은 20세기 후반부터 많은 지지를 받았다. 이를 지지하는 학자들은 거북을 변형된 이궁형 양막류로 본다. 다시 말해, 거북은 원래 이궁형 양막류이지만 두개골 측면의 구멍이 메워져서 무궁형처럼 보일 뿐이라는 것이다. 거북의 이궁형 가설은 특히 20세기 후반,

분자생물학의 발전과 더불어 강력한 지지를 받았다. 이궁형 양막류는 오늘날의 뱀, 악어, 도마뱀 같은 일반적인 파충류 그룹의 조상이다. 따라서 거북이 이궁형 양막류의 후손이라면 거북은 현생 파충류 그룹과 가까운 셈이다.

연구자들은 여러 파충류의 DNA, 단백질, 체성분을 광범위하게 조사했다. 그 결과 거북은 현생 파충류와 차이가 있지만, 별개의 분류그룹에 속할 정도는 아니라는 사실이 밝혀졌다. 이는 거북의 이궁형 양막류 가설을 지지하는 것이었다. 그 과정에서 학자들은 거북과 진화적으로 가장 가까웠던 생물로 여러 후보를 지목했다. 그 면면을 보면 아주 흥미롭다. 연구자들은 거북과 가까운 고대 생물로 조치류(오늘날 포유류 및 파충류의 조상), 이궁형 양막류(현생 파충류의 조상), 인용류(도마뱀과 뱀의 조상), 조룡(악어와

거북의 조상은 아직 정확히 밝혀지지 않았다. 거북의 조상으로 지목되는 생물은 여러 가지가 있다.

새의 조상), 악어목(악어의 조상), 심지어는 조류(새의 조상)를 지목하기도 했다.

이궁형 가설에서 지목하는 거북의 조상 중 유명한 것은 원시 수장룡인 기룡류Sauropterygians이다. 기룡류는 바다에 살던 원시 해양 파충류로, 이 견해를 지지하면 거북은 처음에 육지에서 기원한 생물이 아니라 물에서 출현한 생물이 된다.

거북은 오랫동안 무궁형으로 여겨졌지만, 20세기 후반으로 오면서 이궁형 가설이 많은 지지를 받게 되었다. 지금은 두개골의 측면 형태가 양막류의 계통관계를 정확히 반영하지 않는다는 것이 밝혀졌다. 또 완전히 다른 그룹으로 알려져 있던 무궁형과 이궁형이 하나의 그룹으로 묶일 수 있다는 것도 밝혀졌다. 그래서 지금은 더 이상 두개골의 측면 형태로 양막류를 분류하지 않는다. 미국이나 유럽 교과서에서는 대략 2000년대부터 이 분류법을 사용하지 않는다. 무궁형이라는 분류군도 폐기되었다. 대신 무궁형과 이궁형을 합쳐 사우롭시드Sauropsid라 부른다.

새로운 분류법은 양막류를 크게 두 그룹으로 나눈다. 다시 말해 포유류의 조상 그룹과 포유류가 아닌 모든 동물의 조상 그룹으로 나누는 것이다. 포유류의 조상은 단궁형 양막류(시냅시드)이고, 포유류를 제외한 모든 새와 파충류의 조상은 비-단궁형 양막류(사우롭시드)이다. 거북은 사우롭시드 내에서 다른 파충류 그룹과 별개의 그룹을 이루고 있다. 지금은 거북을 현생 파충류와 기원이 다른 원시 파충류(무궁형 양막류)로 보지 않지만, 그럼에도 현생 파충류와는 별개의 그룹으로 분류하고 있다. 거북은 양막류 내에서 2억 년 넘게 독자적인 가문을 지켜 온 꽤 특이한 생물군으로 추정된다.

현재의 거북 분류
현재 거북은 무궁형 양막류가 아닌 사우롭시드라는 분류군에 속한다. 그 안에서도 거북은 다른 현생 파충류(이궁형 양막류)와 별개의 그룹에 묶인다.

세 번째로 거북 등껍질의 유래에 대한 두 가지 견해(점진적 기원설 VS 돌연변이설)를 살펴보자. 여기서 핵심은 거북 등껍질이 '거북의 발명품인가 아닌가?'이다. 점진적 기원설은 거북 등껍질이 다른 생물에게서 유래했다고 하는 설이다. 조상생물의 기관이 서서히 변해서 등껍질이 되었다는 것이다. 반면 돌연변이설에서는 거북 등껍질이 거북만의 발명품이라고 주장한다. 조상 생물도 없고 다른 유례를 찾을 수 없다는 설명이다.

서로 의견이 엇갈리는 지점은 거북 뼈층의 형성 과정이다. 1장에서 우리는 거북 등껍질의 뼈층이 '내부 골격층'과 '피부뼈층'으로 되어 있다고 배웠다. 점진적 기원설에서는 거북 등껍질이 진화할 때, '피부뼈'가 '내부 골격' 위로 서서히 내려앉은 것으로 본다. 그 근거가 되는 것이 몇몇 공룡을 비롯한 중생대 파충류의 등에 있었던 '뼈판'이다. 중생대에 이 뼈판은 원시 파충류의 등 쪽에 있었지만, 오늘날 거북의 피부뼈처럼 내부 골격을 촘촘히 덮고 있지 않았다. 그래서 시간이 지나면서 이 뼈판이 서서히 내부 골격과 결합했다고 추정한다. 이 견해에 따르면 거북 등껍질의 뼈층은 '밖에서부터 안으로' 형성되었다. 바깥의 '뼈판', 즉 피부뼈가 내부 골격과 서서히 결합했다는 설명이다.

반면 돌연변이설에서는 뼈층이 '안에서부터 밖으로' 만들어졌다고 본다. 먼저 거북의 내부 골격이 혁신적으로 변한 다음 피부뼈가 비정상적으로 커져서 내부 골격을 촘촘히 덮었다는 것이다. 이 견해에 따르면 거북 등껍질은 거북만의 특허품이다. 그 근거로 학자들은 1장에서 소개한 거북의 배 발생 과정을 든다. 다른 척추동물과 달리 거북의 갈비뼈는 아주 이른 시기에 옆으로 펼쳐진다. 즉, 내부 골격이 다른 척추동물과 획기적으로 다르다. 그 밖에 이렇다 할 거북의 조상생물이 발견되지 않았다는 점도 돌연변이설에 힘을 실어 주고 있다. 연구자들은 거북의 조상을 알려줄 중간 단계의 화석을 애타게 기다리고 있지만, 돌연변이설에 따르면 그런 '중간고리'는 아예 없을지도 모른다.

마지막으로 최근 소식을 두 가지만 소개하고 싶다. 2008년, 영국의 과학잡지 『네이처』와 왕립학회에 두 편의 논문이 발표되었다. 각각 중국과 미국에서 발견된 원시 거북에 대한 것이다. 공교롭게도 두 논문은 방금 언급한 '거북 등껍질의 유래'와 관련해 서로 견해가 엇갈린다.

2008년 11월, 『네이처』에는 중국 남서부에서 발견된 원시 거북, 오돈토켈리스Odontochelys의 기사가 실렸다. 오돈토켈리스의 연대는 2억 2천만 년으로 밝혀졌고 이는 현재까지 지구에서 발견된 거북 화석 중 가장 오래된 것이다. 프로가노켈리스보다도 천만 년이나 연대가 앞선다.

오돈토켈리스는 잘 발달한 배껍질을 가지고 있었지만, 등껍질의 발달은 상대적으로 불완전했다. 이는 거북의 신체 구조에서 등껍질보다 배껍질이 먼저 진화했을 가능성을 시사하는 것이었다. 또 오돈토켈리스는 현생 거북처럼 옆으로 펼쳐진 갈비뼈를 가지고 있었다. 그러나 갈비뼈를 덮는 뼈판, 즉 피부뼈는 존재하지 않았다.

이것은 거북 등껍질의 진화에서 먼저 변화를 겪은 것은 거북의 내부 골격이었다는 추측을 뒷받침한다. 즉, 다른 동물의 뼈판이 거북 등껍질이 된 것이 아니고, 거북의 골격 구조 자체가 획기적으로 변해 등껍질로 발전했다는 것이다. 연구팀은 거북 등껍질의 진화에서 먼저 거북의 내부 골격이 혁신적으로 변한 다음(갈비뼈의 형태), 그 뒤에 피부뼈가 발달해 내부 골격과 융합되었으리라고 추정했다. 이 견해는 거북 등껍질이 거북의 새로운 진화적 발명품이라는 가설을 지지한다.

반면 2008년 10월, 영국 왕립학회 저널에는 미국 남서부에서 발견된 거북화석에 대한 논문이 실렸다. 연구팀은 이 거북을 킨레켈리스Chinlechelys라 명명했다. 킨레켈리스는 약 2억 1천만 년 전의 거북으로 프로가노켈리스와 연대가 비슷하다.

킨레켈리스는 얇고 불완전한 등껍질을 가진 거북이었다. 특이한 사실은 이 거북이 여러 개의 뼈판과 거북 특유의 골격 구조(펼쳐진 갈비뼈)를 동시에 가지고 있었다는 점이다. 이들의 뼈판은 갈비뼈와 척추를 촘촘히 덮고 있지 않았다. 대신 여러 개의 파편처럼 등 위에 흩어져 있었다. 현생 거북의 피부뼈처럼 내부 골격과 단단히 결합하지 않고 내부 골격 위에 엉성하게 얹혀 있었다.

연구팀은 거북 등껍질이 만들어질 때 일단 뼈판과 내부 골격이 독립적으로 발달한 다음, 나중에 서서히 합쳐진 것 같다고 말했다. 이것은 거북 등껍질이 점진적으로 만들어졌다는 가설, 즉 조상 생물의 뼈판이 서서히 내부 골격과 결합되었다는 가설을 지지한다. 다음은 논문에 실린 삽화로, 거북 등껍질의 점진적 기원설이 어떤 것인지 분명히 보여 준다.

최근에 발표된 중요한 논문들이 이렇게 상반된 입장을 지지한다는 사실은 거북의 진화와 분류가 얼마나 복잡한가를 잘 보여 준다. 앞으로 더 많은 거북화석이 출토되면 거북의 유래나 분류상 위치가 조금 더 분명해질 것이다. 한 가지 분명한 사실은 원시 거

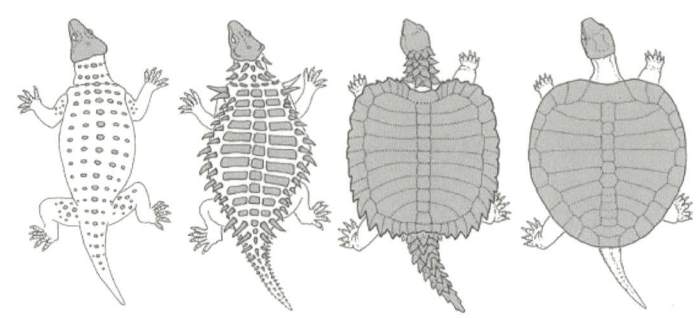

2008년 발표된 킨레켈리스 논문에 실린 거북 등껍질 형성 추정도
킨레켈리스는 내부 골격층과 피부뼈층(뼈판)이 엉성하게 결합되어 있었다. 킨레켈리스의 연구팀은 거북 등껍질의 점진적 기원설을 지지하는 입장이었다.

북 프로가노켈리스에서부터 오늘날의 자라, 남생이, 바다거북에 이르기까지, 거북이 참으로 독특하고 신기한 생물이라는 것이다. 거북은 흥미롭게도 직계 친척 없이 2억 년 이상이나 고유의 모습을 지켜 온 독특한 생물이다.

거북은 진화적, 분류학적으로 문제적인 동물이다. 거북에 대한 논쟁은 지금도 계속되고 있다.

종과 분류 이야기

우리는 평소에 '종'이라는 말을 자주 듣는다. 몇몇 생물을 보고 '종이 다르다'라고 말하기도 한다. 그렇다면 종이란 무엇일까? 종에 대한 가장 쉬운 정의는 '서로 비슷한 녀석들의 집단'이라는 것이다. 서로 비슷한 생물집단을 우리는 종이라고 말한다. 예를 들어, 우리는 개와 고양이, 비둘기를 서로 다른 종이라고 말한다. 개 안에서도 진돗개와 치와와, 불독은 서로 다른 종이다.

보통 우리는 서로 비슷하지 않은 개체를 보고 '종이 다르다'라고 말한다. 하지만 '비슷하다', '다르다'와 같은 기준들은 애매모호하다. 그래서 학자들은 더 엄밀한 기준으로 종을 정의하고 분류한다.

'종=서로 비슷한 녀석들'이라는 정의는 직관적으로 나무랄 데 없다. 찰스 다윈도 『종의 기원』에서 비슷한 언급을 했다. 하지만 지구의 수많은 생물을 실제로 분류하는 입장에서 이 정의는 불충분하다. 단순히 종을 '서로 비슷한 놈들의 집단'이라고 한다면 얼마나 비슷해야 같은 종인가? 또 무엇이 달라야 다른 종인가?

연구자들은 조금 더 엄밀한 방법으로 종을 정의한다. 이때 중요한 것은 종을 분류하는 '기준'이 무엇인가 하는 점이다. 지금까지 잘 알려진 방법은 종을 형태학적, 생물학적, 진화학적으로 정의하는 것이다. 이는 각각 '생물의 형태', '생물의 교배와 번식 가능성', '생물의 진화적 계보'를 따져서 종을 구분한다. 먼저 생물의 관상을 보고(형태학적 종), 서로 교미를 해서 대를 이을 수 있는가를 보고(생물학적 종), 그 생물의 조상이 누구인지를(진화학적 종) 살펴보는 것이다. 현재는 종을 분류할 때 하나의 기준만을 사용하지 않고, 입수할 수 있는 모든 단서와 자료를 활용한다. 각각의 방식에 대해 간단히 살펴보자.

'형태학적 종 분류'는 생물의 외관, 신체 형태, 해부 구조 등으로 종을 분류하는 방법이다. 이때 종에 대한 정의는 '서로 비슷한 형태, 구조, 기관을 가진 생물들의 집단'이다. 형태학적 종 분류는 가장 쉽고, 가장 오랫동안 쓰인 방법이다. 새로운 화석이나 생물을 발견했을 때 제일 먼저 할 수 있는 일은 그 생물의 외관을 보는 것이다. 날개 달린 새를 돼지과나 개과에 넣는 사람은 없을 것이다. 형태학적 종 분류는 가장 일차적으로 종의 정체를 파악하는 방법이다.

'생물학적 종 분류'는 생물이 자연상태에서 교미를 해서 대를 이을 수 있는가를 기준으로 삼는다. 이때 종에 대한 정의는 '자연상태에서 짝짓기를 해서 대를 이을 수 있는 새끼를 낳는 생물집단'이다. 짝짓기와 번식 가능성에 따라 종을 정의하는 이 방법은 무성생식(교미를 하지 않고 번식하는 생물) 생물에게는 적용되지 않지만, 현재 가장 널리 인정받는 종의 정의이다. 이 분류법에 따르면 같은 종은 서로 자연상태에서 교미를 해서 계속

대를 이어갈 수 있어야 한다.

예를 들어, 기린과 치타는 짝짓기를 하지 않는다. 서로 다른 종이기 때문이다. 또 호랑이와 사자는 인위적으로 짝짓기를 해서 새끼를 낳지만 여전히 다른 종이다. 자연상태에서는 짝짓기를 하지 않고 둘 사이에서 태어난 새끼들도(라이거나 타이곤 등) 자손을 생산할 능력이 없기 때문이다.

'진화학적 종 분류(계통분류)'는 생물의 진화적 계보를 고려해 종을 분류하는 방법이다. 이때 종은 '공동 조상에서 유래했고, 다른 종은 갖지 못한 공통형질을 공유하는 집단'이다. 이 공통형질을 '파생형질'이라고 하는데, 계통분류학에서는 이를 기준으로 종을 구분한다. 파생형질이란 조상에게는 없었지만 특정한 후손 집단에게는 있는 특징이다.

예를 들면, 양막류는 새, 도마뱀, 개의 공통조상이다. 이때 새는 파충류나 포유류와 어떻게 다를까? 다시 말해 새들만이 가진 파생형질은 무엇일까? 답은 날개가 아니고(날개는 포유류인 박쥐나 곤충에게도 있으므로) 깃털, 기낭 등이다. 이는 새들만이 공유하는 특징이기 때문이다.

진화학적 종 분류(계통분류)에는 '자매종' 또는 '자매군'이라는 중요한 개념이 있다. 자매종이란 공동조상에서 유래한, 진화적으로 가장 가까운 친척관계에 있는 종 또는 그룹을 말한다. 자매종이 중요한 이유는 특정생물의 조상과 계통을 알려 주기 때문이다. 그래서 자매종만 정확히 알아도 특정 생물의 분류는 훨씬 쉬워진다. 거북이 오랫동안 학자들의 골치를 썩이는 이유도 거북에게 이렇다 할 자매종이 없기 때문이다.

진화학적 종 분류(계통분류)에서는 생물의 계보가 중요하다. 특정한 두 생물을 분류할 때 이들의 뿌리가 같은지를 알아내는 것이 필수적이다. 이때 공동조상에서 유래했기 때문에 형태나 신체기관이 비슷한 것을 '상동적'이라고 말한다. '상동기관'이란 같은 조상에서 유래했기 때문에 형태가 비슷한 기관을 말한다. 박쥐와 곰, 호랑이의 앞발은 그 형태가 조금씩 다르지만 '상동적'이다. 이들의 앞발은 같은 조상에서 유래했고, 뼈 개수와 구조도 같기 때문이다.

반면, 진화적으로 가깝지 않은데 형태만 비슷한 경우도 있다. 예를 들어 새의 날개, 곤충의 날개, 박쥐의 날개는 '상동적'이지 않다. 이때 이들의 날개는 '상동기관'이 아니다. 새는 조류, 곤충은 절지동물, 박쥐는 포유류에 속하기 때문이다. 이들은 조상도 다르고 진화적 관계도 멀다. 이런 특징을 '비상동유사성' 혹은 '상사성'이라 말한다. 공동조상에서 유래하지 않았지만 형태만 비슷하다는 뜻이다.

진화학적 종 분류에서는 어떤 특징이 '상동'이고, 어떤 특징이 '비상동유사'인지를 가려내는 게 중요하다. 진화적으로 가깝지 않은데 눈에 보이는 모양이 비슷하다고 여러 생물을 같은 그룹에 묶어서는 안 된다. 이는 계통이 다른 생물을 인위적으로 한 곳에 밀어 넣는 것이기 때문이다.

진화학적 종 분류에서는 생물의 공동조상이 중요한 분류기준이 된다.

분류체계 이야기

분류란 쉽게 말해 지구의 수많은 생물을 서로 '구분'하는 작업이다. 생물을 분류하는 가장 작은 단위(분류군)는 '종'이다. 그래서 분류란 기본적으로 '종의 분류'이고, 이 단계에서는 하나의 종이 다른 종과 어떻게 다른가를 밝혀낸다. 종보다 조금 더 큰 분류단위(분류군)는 '속'으로, 비슷한 종이 모인 집단을 '속'이라 한다. 비슷한 '속'이 모인 집단은 '과'가 되고 그 다음에는 '목'이 있다. 이런 식으로 가장 구체적인 단위(종)에서부터, 가장 광범위한 단위(계)까지 7단계의 분류군이 있다. 학교에서 암기하는 '종속과목강문계'가 바로 그것이다.

지구의 수많은 생물들은 거대한 분류체계 내에서 자신만의 '생물학적 주소'를 가지고 있다. 생물에게 이 '생물학적 주소'를 부여하는 작업이 분류학이다. 주소가 나라-도시-구-동-번지 순으로 범위가 작아지듯이, 생물 분류도 광범위한 영역에서 구체적인 영역으로 범위가 좁혀져 들어간다. 다음 표는 여러 생물이 각기 어떤 식으로 분류되는지를 보여 준다.

단계	사람	사자	벼	자작나무	오리나무
계(界, Kingdom)	동물계	동물계	식물계	식물계	식물계
문(門, Phylum)	척색동물문	척색동물문	종자식물문	속씨식물문	속씨식물문
강(綱, Class)	포유강	포유강	외떡잎식물강	쌍떡잎식물강	쌍떡잎식물강
목(目, Order)	영장목	식육목	벼목	참나무목	참나무목
과(科, Family)	사람과	고양이과	벼과	자작나무과	자작나무과
속(屬, Genus)	사람속	고양이속	벼속	자작나무속	오리나무속
종(種, Species)	사람	사자	벼	자자나무	오리나무

분류학은 종의 정체를 파악하고(이를 전문적 용어로 '종을 동정한다'라고 한다), 이름을 붙이고, 구분하는 생물학 분야이다. 분류는 생물계에서 특정 생물의 위치를 정하는 중요한 작업이지만, 결코 쉬운 일이 아니다. 같은 종에 대해서도 사람마다 의견이 다를 수 있고, 오랫동안 A라고 분류되었던 생물이 나중에 D나 Z로 밝혀지기도 한다.

생물분류는 쉽지 않은 작업이다. 분류에 대한 견해는 학자들 사이에서도 자주 엇갈린다.

그중의 한 예로 검은바다거북 black turtle 을 들 수 있다. 오랫동안 검은바다거북은 푸른바다거북의 아종으로 여겨졌다. 하지만 최근에는 이들을 독립된 종으로 인정하는 추세이다.

종 분류는 때로 정치적인 영향력을 갖기도 한다. 서식종의 개수가 생물 보호와 관련된 사회적, 정치적 의사결정에 영향을 미칠 수 있기 때문이다. 당연히 하나라도 더 많은 종이 서식하는 환경이나 생물 종이 사회적으로 더 많은 관심과 지지를 불러일으킬 것이다.

마지막으로 분류학에서 사용하는 학명을 살펴보자. 모든 생물은 학문적 이름(학명)을 가진다. 학명이란 전세계에서 공통으로 인정한 특정 생물의 이름이다. 개를 예로 들면 한국어로는 개, 영어로는 dog, 일본어로는 いぬ 등으로 지칭하면 개의 이름이 여러 개가 되어 혼란이 생길 수 있다. 그래서 만국 공통의 표준적 이름을 정하는데 그것이 학명이다. 모든 학명은 알파벳으로 되어 있고 전통적으로 라틴어를 쓴다. 다른 언어에서 용어를 가져올 때도 라틴어 방식으로 표기한다.

학명은 '종속과목강문계'라는 분류체계에서 가장 앞쪽의 두 개, 즉 속과 종을 이름으로 부른 것이다. 이는 스웨덴의 자연과학자인 린네 Carl von Linne 가 개발한 체계로 특정 생물을 속 이름과 종 이름, 두 부분으로 표시하기 때문에 이명법이라 한다. 학명의 앞쪽 부분은 속 이름, 뒤쪽 부분은 종 이름이다. 위의 표에서 사람과 사자를 각각 학명으로 표현해 보자.

사람의 속 이름과 종 이름은 각각 '사람 속', '사람'이다. 따라서 사람의 학명은 '사람 속' 이름인 Homo와, 현생 인류의 종 이름인 sapiens가 합쳐져 Homo sapiens가 된다. 사자의 속 이름과 종 이름은 '고양이 속', '사자'이다. '고양이 속'은 Panthera, '사자'는 leo이므로 사자의 학명은 Panthera leo이다. 반면 같은 고양이 속에 속하는 호랑이의 학명은 Panthera tigris이다.

『종의 기원』 이야기

대학을 비롯한 여러 기관에서는 매년 학생들을 위해 '꼭 읽어야 할 고전 ○○선' 목록을 선정한다. 과학분야 고전에는 항상 『종의 기원』이 끼어 있다. 『종의 기원』은 대단한 책이다. 문제는 그런 목록의 책들이 대개 그렇듯이, 『종의 기원』도 쉽게 읽히는 책이 아니라는 것이다.

굳이 말하자면 『종의 기원』은 뒤로 갈수록 재미있어지는 장편소설 같은 책이다. 다윈은 초반부에 조금 재미없는 이야기를 하고, 훨씬 재미있는 이야기는 후반부에 배치해 놓았다. 다윈의 문체는 명료하지만 전혀 간결하지 않다. 그래서 14장으로 된 이 책의 첫 세 장을 넘기기가 결코 쉽지 않다. 나 역시 여러 번 『종의 기원』을 읽다가 중도에 그만두었다.

하지만 한 번이라도 이 책을 찬찬히 읽고 나면, 설명할 수 없는 감흥 때문에 쉽게 잊을 수가 없을 것이다. 학생 때는 어려울 수 있지만 나중에 대학에 가거나 생각이 나면 한번쯤 펼쳐 보길 바란다. 다윈의 만연체는 번역체가 더 어려우니 원서로 읽는 게 나을 수도 있다. 이 유명한 책의 마지막 구절은 다음과 같다.

"지구가 만유인력의 법칙을 따라 묵묵히 우주를 회전하는 동안에 몇 안 되는 형태로, 또는 단 하나의 형태로 창조되었던 최초의 생명체가 몇 가지 능력만을 가지고, 가장 단순한 형태에서 가장 아름답고, 놀랍고, 끝없이 다양한 형태의 생명체로 진화해 왔다는 것. 이들은 지금도 진화하고 있으며, 앞으로도 진화해 갈 것이다. 이러한 생명관에는 어떤 장엄함이 있다."

이 경이로운 문장은 『종의 기원』이 도달한 최종 결론이다. 다윈은 저 결론에 도달하기 위해 『종의 기원』을 쓴 것이다. 이 책에서 다윈은 수많은 사례와 증거를 들면서, '자연선택'의 개념을 되풀이해 설명한다. 하지만 마지막 페이지를 덮고 나면 왜 그렇게 많은 자료들이 필요했는지, 또 그 사실들을 통해 다윈이 하려고 했던 말이 무엇인지 분명히 알 수 있게 된다. 생명 현상을 바라보는 다윈의 시선 그리고 그의 야심 찬 기획에는 어떤 장엄함이 있다. 그것을 느껴 보기 위해서라도 『종의 기원』은 충분히 읽어 볼 만한 가치가 있다.

03

육지거북과 바다거북

현재 지구에는 약 320종의 거북이 살고 있다. 사는 곳에 따라 거북은 크게 육지거북, 민물거북, 바다거북으로 나뉜다. 유럽의 영어권 국가에서는 육지 거북을 tortoise, 민물거북을 terapin, 바다거북을 turtle로 부르기도 한다. 1, 2장에서 거북의 신체 구조와 진화를 살펴본 것도 바다거북이 거북의 한 종류이기 때문이다. 바다거북은 바다라는 특수한 환경에 적응한 거북들의 집단이다. 현재 전 세계 바다에는 여덟 종의 바다거북이 산다. 과거에는 일곱 종으로 분류했지만 현재는 한 종을 추가로 인정해 여덟 종으로 보는 추세이다. 이 책에서는 여덟 종이라는 견해를 따랐다.

세계에 서식하는 모든 거북들은 '목을 움츠리는 방식'에 따라 두 그룹으로 나뉜다. 둘을 구분하는 간단한 기준은 '목을 등껍질 안으로 넣을 수 있는가 없는가'이다.

현생 거북의 분류
거북은 '목을 움츠리는 방식'에 따라 크게 잠경류와 곡경류로 나뉜다. 잠경류는 껍질 안으로 목을 넣을 수 있고, 곡경류는 넣을 수 없다. 지구에 사는 대부분의 거북들은 잠경류이다. 진화적으로는 곡경류가 먼저 출현했던 것으로 보인다.

곡경(曲頸)이란 '구부러진 목'이라는 뜻이다. 곡경류 거북들은 휴식하거나, 위험이 닥쳤을 때 목을 수평 방향으로 움츠린다. 즉, 목을 옆으로 굽혀서 등껍질 가장자리에 붙여 놓는다. 이들은 등껍질 안으로 목을 전부 숨길 수 없다. 수평 방향으로만 목을 움직일 수 있기 때문에 곡경류를 '가로목거북'이라고도 한다.

한편 잠경(潛頸)이란 '잠긴 목'이라는 뜻이다. 잠경류는 목을 수직으로 움츠린다. 이들은 목을 세로 방향으로 구부려 등껍질 안에 넣을 수 있다. 위험이 닥쳤을 때 이들은 등껍질만 남겨 놓고 네 다리와 목을 숨길 수 있다. 우리는 종종 만화에서 등껍질만 달랑 남은 거북을 볼 수 있는데 이들이 잠경류이다. 잘 알려진 우리나라 고대가요「구지가」에 나오는 거북도 잠경류였을 가능성이 높다.

우리나라 고대가요「구지가」
가사의 내용을 살펴보면 이 노래에 등장하는 거북은 잠경류였을 가능성이 높다.

바다거북의 진화

거북은 최초에 육지에서 살았을까, 물에서 살았을까? 이 의문은 오랫동안 풀리지 않은 숙제였고, 지금도 논란은 계속되고 있다. 거북이 원래 육지동물이었다면 바다거북은 육지거북이 바다로 진출한 형태일 것이다. 반대로 거북이 원래 물에서 살았다면, 바다거북은 처음부터 바다에 살던 동물이었거나, 민물거북이 바다로 진출한 형태일 것이다. 또 사막처럼 건조한 지역에 사는 육지거북들은 나중에 진화한 형태였을 것이다.

현재는 거북이 원래 육지생물이었다는 주장이 많은 지지를 받고 있다. 그 근거는 화석으로 발견된 원시 거북의 신체 구조에 있다. 거북은 서식환경에 따라 앞발이나 등껍질의 형태가 다르다. 그래서 화석으로 발견된 거북의 골격을 관찰하면 이들이 살았던 환경을 추정할 수 있다. 대략 2억 년 전에 살았던 원시 거북들, 즉 프로가노켈리스, 프로테로케르시스, 팔레오케르시스 등의 화석은 대부분 육지거북의 특징을 보여 준다. 이 거북들은 걷는 데 적합한 다리와 견고한 등껍질을 가지고 있었다. 이들은 하천이나 웅덩이 근처에 살던 육지거북이거나 반–민물거북 정도였을 것으로 보인다.

반면, 물과 조금 더 가까웠던 것으로 추정되는 원시 거북들도 있다. 최근에 출토된 원시 거북 오돈토켈리스에서도 흥미로운 단서가 발견된다. 현재 가장 오래된 거북으로 밝혀진 오돈토켈리스는 등껍질보다 배껍질이 두드러지게 발달해 있다. 이는 최초에 거북이 물에서 살았을지도 모른다는 추측을 뒷받침한다. 왜냐하면, 육지거북은 일단 몸의 위쪽과 등 쪽을 먼저 방어해야 하기 때문이다. 그래서 육지거북은 배껍질보다 등껍질이 튼튼해야 한다. 연구팀은 오돈토켈리스가 흐르지 않는 민물, 즉 웅덩이나 늪지 근처에서 살았을 것으로 추정했다.

하지만 거북이 육지에서 살았든 물에서 살았든 최소한 처음부터 바다에 적응했던 생물은 아니었던 것으로 보인다. 바다거북은 상대적으로 나중에 출현한 거북 그룹이다. 오늘날처럼 바다에 특화된 신체를 가진 거북은 백악기 무렵에 출현했다. 바다거북의 신체는 극단적으로 헤엄에 유리하게 진화했다. 그래서 바다거북에 비하면 민물거북이나 수생거북도 모두 육지거북의 범주에 넣을 수 있다. 현재 학자들 대부분은 바다거북의 조상을 민물거북에 가까웠던 육지거북으로 추정하고 있다.

최초의 거북은 최소한 2억 2천만 년 전, 중생대 트라이아스기 중기 이전에 지구에 출현했다. 쥐라기가 되면서 원시 거북들은 서서히 바다로 진출하기 시작했다. 그러나 육지에 살던 거북이 갑자기 바다에서 헤엄을 칠 수는 없었을 것이다. 거북은 수백만 년에 걸쳐 단계적으로 바다로 진출해 갔다.

바다거북의 조상은 강이나 하천 근처에 살았던 민물거북에 가까운 육지거북이었던 것으로 보인다. 이들은 먼저 강이나 호수 같은 민물로 진출했던 것 같다. 오늘날의 몇몇 민물거북처럼 처음에는 헤엄에 익숙하지 못해 단순히 강이나 호수 바닥을 걸어 다녔을 것으로 추정된다. 그러다 걷는 데 사용되던 네 발에 물갈퀴가 돋아나, 물을 밀어내는 데 효율적으로 변했을 것이다. 거북들은 점차 민물에서 바다로 진출했고, 처음에는 깊은 바다가 아닌, 조간대*

---

*만조 때의 해안선과 간조 때의 해안선 사이의 부분. 만조 때에는 바닷물에 잠기고 간조 때에는 공기에 드러나는 등 생물에 있어서는 혹독한 환경이 된다. (출처: 국립국어원 표준국어대사전)

나 얕은 환초 지역에 살았던 것으로 보인다. 바다거북이 가진 노 형태의 앞발은 초기의 바다거북 화석에서는 발견되지 않는다.

오늘날의 바다거북처럼 바다에 완벽히 적응한 거북들은 백악기에 출현했다. 지구에 존재했던 네 개의 바다거북과(科)도 이 시기에 확립되었다. 당시에는 네 개의 서로 다른 가문에서 수십 종의 바다거북이 배출되었다. 지금은 8종의 바다거북만이 남아 있지만, 백악기에는 최소한 50종이 넘는 바다거북들이 바다를 헤엄쳐 다녔다. 학자들의 연구에 따르면 백악기 바다거북들은 지금보다 형태나 개성이 훨씬 다양했다고 한다. 오늘날의 바다거북은 백악기 조상들에 비하면 훨씬 밋밋하고 평범하다는 것이다.

바다거북의 조상은 민물거북에 가까운 육지거북이었던 것으로 보인다.

백악기에 번성했던 바다거북 그룹은 모두 네 개였다. (연구자에 따라 세 개로 보기도 한다.) 지금은 네 개의 바다거북과 중에서 두 개의 가문이 멸종하고 두 개의 가문(바다거북과, 장수거북과)이 살아남았다.

1. 바다거북과Chcloniidae – 현존하는 바다거북군 중 하나. 7종이 여기에 속한다.
2. 장수거북과Dermochelyidae – 현존하는 바다거북군 중 하나. 1종만이 여기에 속한다.
3. 활바다거북과Toxochelyidae – 비교적 몸집이 작고 넓적한 등껍질을 가진 바다거북군. 멸종.
4. 거대거북과Protostegidae – 몸집이 커서 공룡으로 오해 받기도 했던 바다거북군. 멸종. 지구 최대의 거북이었던 아르케론Archelon은 몸길이가 4m에 달했다. 진화적으로 장수거북과와 가까웠던 것으로 추정된다.

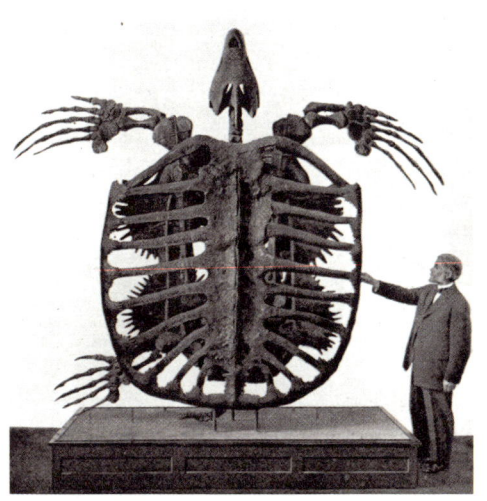

멸종한 바다거북 아르케론Archelon
백악기에는 현재보다 훨씬 다양한 바다거북들이 살았다. 지구에서 가장 컸던 바다거북 아르케론은 오늘날의 소형 잠수함만 한 크기였다. 몸길이가 4m에 달했던 이 바다거북은 백악기 말에 번성했다.

바다라는 환경

육지와 바다는 환경이 많이 다르기 때문에 바다거북 역시 육지거북이나 민물거북과는 다른 특징을 가질 수밖에 없었다. 여기서는 바다가 어떤 공간인지, 바다거북은 바다에 적응하기 위해 어떤 식으로 변화했는지를 살펴보자.

육지와 바다의 가장 큰 차이는 물이다. 우리가 직관적으로 느낄 수 있듯이, 물은 공기보다 훨씬 무겁다. 그래서 물체를 띄우는 힘(부력)도 크고, 끈적이는 정도(점성)도 크다. 부력이 크기 때문에 바다에서 생물은 아주 쉽게 떠 있을 수 있다. 또 점성이 크기 때문에 바다에서 물체는 느리게 가라앉는다. 그래서 바다에서는 플랑크톤을 비롯한 수많은 부유생물이 번성할 수 있다.

고래처럼 커다란 생물이 바다에 살 수 있는 것도 이 때문이다. 물의 부력은 고래의 엄청난 몸무게를 상당 부분 떠받쳐 준다. 반면, 육지에서는 어떤 생물도 고래만큼 커지기 힘들다. 공기의 부력은 물의 부력과 비교하면 거의 없는 것과 마찬가지이다. 그래서 육지생물은 스스로의 골격과 사지로 자신의 몸무게를 떠받쳐야 한다. 육지에서 가장 큰 생물이었던 공룡도 가장 큰 고래에 비하면 작다. 땅 위에서는 생물이 일정 크기 이상으로 커지기가 어려운 것이다.

그렇다면 바다에는 좋은 점만 있을까? 생물 입장에서는 바다에도 어려움이 있다. 바다에서 생물은 몸무게를 지탱하는 데 큰 에

몰라몰라 개복치
해양 생물은 대부분 물의 저항을 줄이기 위해 유선형 몸체를 갖는다. 물론 이런 법칙을 무시하는 생물도 있다. 가장 이상하게 생긴 물고기 중 하나인 개복치가 그 예이다. 개복치의 학명은 몰라몰라 Mola mola이다. 이는 라틴어로 '맷돌'을 의미한다.

너지를 쓸 필요가 없다. 하지만 물속을 움직일 때는 물의 저항 때문에 공기 속을 움직일 때보다 큰 에너지가 필요하다. 사람이 물속에서 빠르게 걸을 수 없는 것도 이 때문이다. 해양 생물은 중력의 구속에서는 어느 정도 벗어났지만 유체의 영향 아래 있게 되었다. 그래서 물에서 사는 생물들은 물의 저항을 최소화하고, 이동을 수월하게 하기 위해 대부분 유선형 몸체를 갖고 있다. 해양 생물의 신체형태가 비슷한 것도 이 때문이다.

이 때문에 바다거북 역시 신체 구조가 육지거북과 다르다. 육지거북은 걷는 데 적합한 굵고 튼튼한 다리를 가지고 있다. 갈라파고스 육지거북(사진)의 앞발은 어린 코끼리의 다리만큼 육중해 보인다. 이런 형태는 땅 위를 걷고, 무거운 몸무게를 지탱하는 데 유리하다. 반면 바다거북의 앞발은 길고 넓적한 노 형태를 하고 있다. 그래서 바다거북은 육지에서 잘 걷지 못하고, 움직임도 서투르다. 바다거북은 종종 모래 해변에서 장애물을 만나 길을 잃기도 하고, 방향을 잘못 찾아 목숨을 잃기도 한다. 하지만 바다에서는

육지거북과 바다거북
육지거북은 높은 돔 형태의 등껍질과 튼튼하고 육중한 사지를 갖고 있다. 바다거북은 비교적 낮은 등껍질과 유선형 몸체, 노처럼 가늘고 넓적한 앞발을 갖고 있다.

거의 최고의 헤엄 능력을 자랑한다.

바다거북이 가진 커다란 노 형태의 앞발은 그 단면이 새 또는 항공기의 날개와 비슷하다. 물리학에서는 이러한 형태를 에어포일airfoil이라 한다. 에어포일이란 양력을 발생시키는 물체의 단면형태를 뜻하는 용어이다. 에어포일은 대부분 얇고, 넓적하고, 약간 볼록한 형태의 단면을 갖는다. 양력이란 에어포일 형태의 물체가 유체 속을(공기나 물) 통과할 때, 통과방향의 수직 방향으로 발생하는 일종의 추진력이다. 새나 비행기는 하늘을 날 때 양력을 발생시킨다. 이것은 유체의 속도 차를 이용한 세련된 추진방식으로 바다거북 역시 노 형태의 앞발을 힘차게 휘저어 양력을 발생시킨다. 그래서 바다거북이 앞발을 아래위로 움직일 때, 거북의 몸은 위아래로 움직이는 게 아니라, 양력 때문에 앞쪽으로 추진력을 얻는다.

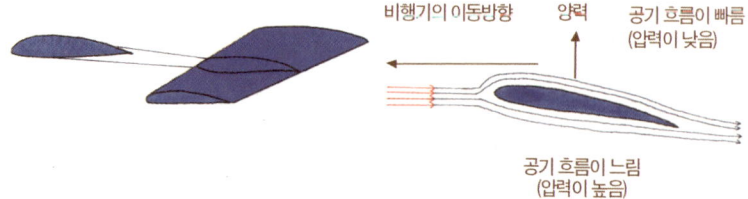

에어포일과 양력
에어포일이란 양력을 발생시키는 물체의 단면형태를 말한다. 에어포일은 대부분 항공기 날개 단면처럼 얇고 넓적하고, 한 면이 조금 볼록한 형태를 띤다. 바다거북의 앞발 역시 이러한 형태를 띠고 있다.

거북 중에서 헤엄에 양력을 이용하는 것은 바다거북뿐이다. 물갈퀴가 있는 민물거북도 양력이 아닌 물의 저항으로 헤엄을 친다. 즉, 물을 세게 밀어낼 때 반대쪽으로 작용하는 반발력으로 이동하는 것이다. 반면 바다거북은 에어포일처럼 생긴 앞발을 이용해 추진력을 얻는다. 새들과 마찬가지로 앞발을 내릴 때와 올릴 때 모두 앞쪽으로 추진력을 받는다. 바다거북은 앞발을 내릴 때와 올릴 때, 앞발의 단면 각도를 살짝 변화시킨다. 그래서 힘차게 퍼덕인 다음 앞발을 원래 위치로 가져올 때도, 물의 저항을 받는 대신 추진력을 얻을 수 있다. 이런 방식으로 바다거북은 상당히 효율적으로 바닷속을 헤엄칠 수 있다.

바다거북은 네 다리를 움직이는 방식에서도 육지거북과 다르다. 육지거북은 도마뱀처럼 앞발과 뒷발을 번갈아 가면서 움직인다. 대각선 형태로 하나의 앞발과 하나의 뒷다리를 동시에 움직이는 것이다. 반면 바다거북은 헤엄칠 때나 땅 위를 걸을 때, 양쪽 발을 동시에 움직인다. (예외적으로 올리브바다거북, 켐프바다거북은 육지에서 발을 엇갈려 움직인다.) 이러한 동시추진은 헤엄칠 때 훨씬 더 빠른 속도를 낼 수 있다. 전 세계 거북 중에서 바다거북과 한두 종의 민물거북만이 양발을 동시에 움직여 헤엄을 친다. 실험을 통해서도 이러한 동시추진이 훨씬 빠른 속도를 낼 수 있다는 사실이 밝혀졌다.

육지거북과 바다거북의 이동방식
바다거북은 앞발을 동시에 움직인다. 이는 큰 추진력을 내기 때문에 더 빨리 헤엄칠 수 있다.

육상거북, 민물거북, 바다거북의 신체형태

거북은 서식환경에 따라 신체형태가 많이 다르다. 육지거북은 바다거북이 되면서 등껍질이 낮아지고 몸의 형태가 유선형으로 변했다. 또 네 발이 헤엄치기에 유리한 넓적한 노처럼 변했다. 그 중간에 있는 민물거북은, 육지거북과 바다거북의 중간적 형태를 보여 준다. 등껍질은 적당히 낮고 네 발에는 물갈퀴가 있다. 앞발의 형태 역시 작은 노 형태를 하고 있다.

연안과 대양 이야기

우리가 사는 육지는 산과 숲, 강과 호수, 사막과 평원 등 다양한 환경으로 이루어져 있다. 각각의 영역들은 독특한 자연조건과 고유한 생태계를 가지고 있다. 그렇다면 바다는 어떨까? 바다의 영역은 어떻게 나뉠까?

간단한 방법은 바다가 육지에서 얼마나 떨어져 있는지, 또 얼마나 깊은지를 알아보는 것이다. 육지와 가까우면 연안, 육지와 멀면 대양(먼바다)이라고 한다. 서해 앞바다는 연안이지만 원양어선 선원들이 참치를 잡는 태평양은 먼바다가 된다. 또 수심에 따라 바다의 영역을 나눌 수도 있다. 수심이 얕으면 얕은 바다(천해), 깊으면 깊은 바다(심해)라고 한다.

'육지와 가깝다' 또는 '얕다' 라는 두루뭉술한 기준을 엄밀하고 과학적으로 적용하면, 바다를 수평적, 수직적으로 다양한 영역으로 구분할 수 있다. 수심 200m까지의 얕은 바다를 대륙붕, 1,000m 이상의 바다를 심해라고 부르고, 육지에서부터 대륙붕이 펼쳐지는 바다까지는 연안이라 한다.

반면 우리가 평소에는 거의 쓰지 않지만 바다를 연구하는 학자들이 사용하는 중요한 영역 구분이 있다. 넓은 바다를 바닥으로 된 부분과 물로 된 부분으로 나누는 것이다. 해양학 용어로는 이를 저서환경과 표영환경이라고 부른다.

저서환경은 바닷속의 흙이나 모래로 된 바닥공간을 말한다. 생물이 고착하거나 숨어 살 수 있는 모든 바닥공간은 저서환경이다. 저서생물은 크게 해초류나 산호처럼 해저 바닥에 뿌리를 박고 살거나, 조개, 넙치, 해삼처럼 바닥 근처에 몸을 숨기고 산다. 생물이 몸을 붙일 수 있는 해저와 그 위의 공간을 통틀어, 저서생태계라 한다.

반면 표영환경은 바닷물로 이루어진 공간을 말한다. 해수면에서 해저

사이에 있는, 물로만 된 영역으로 이 바다공간을 헤엄치며 사는 생물을 표영생물이라 한다. 참치나 고래, 상어 등은 모두 표영생물에 속한다. 이 책에서 다루고 있는 바다거북도 표영생물이다.

바다거북의 생활사에서는 연안과 대양, 두 영역이 중요하다. 바다거북은 연안과 대양 모두에서 살아간다. 연약한 어린 시절에는 천적이 드문 대양에서 머물다가, 충분히 자란 다음에는 연안으로 돌아와 서식한다. 연안과 대양은 기본적으로 성격이 다른 바다이다. 여기에 대해 조금 더 알아보자.

연안은 육지와 가까운 바다이다. 수심이 얕고 영양분이 풍부해 생물도 많다. 보통 연안은 대륙붕까지를 말하는데, 대륙붕은 대략 수심 200m 이하의 얕은 바다로, 생물 및 광물자원이 풍부해 인간에게 가장 유익한 바다 영역이다. 대륙붕 너머로는 수심이 급격히 깊어지는 대륙사면, 대륙사면 너머로는 더 깊은 심해 공간이 펼쳐진다. 대양은 육지에서 멀리 떨어진 바다로 보통 대륙붕 너머의 해역을 말한다.

육지에서도 식물이 자라려면 물과 햇빛, 미네랄이 필요하듯이 바다에서도 '바다의 식물'인 식물플랑크톤이 자라려면 질산염이나 인산염, 철 같은 필수영양소가 필요하다. 연안에서는 이런 영양소가 육지에서 풍부하게 공급된다. 그래서 1차 생산자인 식물플랑크톤뿐 아니라 상위포식자도 번성할 수 있다. 하지만 먼바다에서는 필수영양소인 질산염, 인산염 등의 유입이 상대적으로 훨씬 적다. 그래서 생물 종이 연안만큼 풍부하지 않다. 육지에서도 숲이나 강, 습지는 생물 생산성이 높지만, 사막이나 고산지대, 극지방은 생물 밀도가 떨어진다. 바다 역시 마찬가지이다. 먼바다인 대양은 육지와 비교하면 사막이나 고산지대 같은 곳이다. 황량하고 척박한 '바다의 사막'인 것이다.

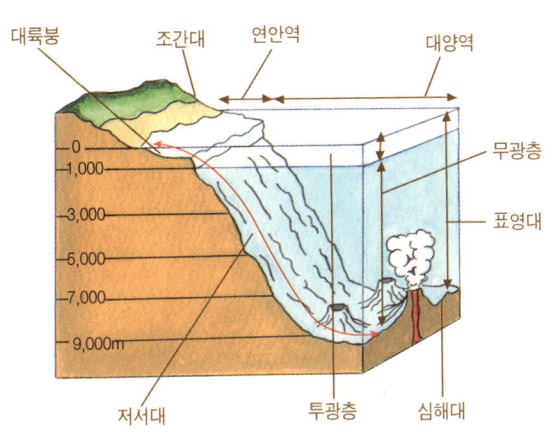

바다영역
바다는 육지와의 거리에 따라 연안과 대양, 수심에 따라 천해와 심해로 나뉜다. 그 외에 해양학에서는 바다를 저서환경과 표영환경으로 구분한다. 저서환경은 모래나 흙으로 된 바닥 영역을 말하며, 표영환경은 물로만 이루어진 영역을 말한다.

플랑크톤과 넥톤 이야기

해양 생물은 크게 플랑크톤plankton과 넥톤nekton으로 나뉜다. 플랑크톤은 헤엄치는 능력이 없어 떠다니는 생물을, 넥톤은 스스로 헤엄치는 능력이 있는 생물을 말한다. 두 용어는 모두 고대 그리스어 플랑크토스planktos(표류하는, 떠다니는)와 넥토스nektos(유영하는, 헤엄치는)에서 유래한 것이다. 우리말로는 플랑크톤을 부유생물, 넥톤을 유영생물이라 부른다.

둘을 구분하는 기준은 '물의 흐름을 거스를 수 있는가'이다. 물론 플랑크톤 중에서도 이동 능력을 갖춘 것이 있다. 발사된 총알처럼 나선형으로 회전하면서, 자신의 몸체의 10배에 달하는 거리를 1초에 주파하는 플랑크톤도 있다. 그럼에도 이들은 자신이 서식하는 제한된 영역을 거의 벗어나지 못한다. 그래서 보통 해류나 파도를 거스를 수 있는가를 기준으로 둘을 구분한다.

플랑크톤은 대부분 크기가 작은 무척추동물이고, 넥톤은 대부분 훌륭한 헤엄 능력을 갖춘 척추동물이다. 예를 들어 해초나 해파리 등은 플랑크톤에 속하고, 돌고래나 연어 등은 넥톤에 속한다.

유영생물은 사방이 개방된 3차원 물 공간(표영환경)에서 생활한다. 표영환경에서는 숨을 곳이 없기 때문에 쉽게 다른 생물의 눈에 띈다. 그래서 유영생물은 공통적으로 비슷한 위장술을 가지고 있다. 바다거북도 마찬가지이다.

물고기의 몸은 세로로 보았을 때 둥그런 타원형이 아니라 아래쪽이 조금 더 가늘고 길게 뻗어 나와 있다. 배의 중심을 잡아 주는 용골을 닮았다 해서 이를 용골이라 부르는데, 이는 물고기의 그림자를 없애 주는 역할을 한다. 아래에서 위를 보았을 때 그림자가 생긴다면 쉽게 포식자에게 들킬 것이다. 이런 사태를 막기 위해 어류의 몸은 기본적으로 아래쪽이 길고 가늘게 되어 있다.

또 대부분의 물고기는 등 색깔과 배 색깔이 다르다. 식탁에 올려진 고등어를 보면 대부분 등 쪽은 푸른색이고, 배는 흰색이나 은빛을 띤다. 바다거북 역시 등껍질과 배의 색깔이 다르다. 바다에서는 아래를 내려다볼 때 빛의 산란 때문에 주로 푸른색이 보인다. 반면 위쪽을 올려다볼 때는 빛의 투과 때문에 밝은 흰색이나 은빛이 보인다. 날씨가 맑은 날, 스쿠버 다이빙을 하면서 위를 올려다보면 위쪽이 밝은 은빛을 띠는 것을 알 수 있다.

물고기나 바다거북의 등 색깔이 푸른 것은 천적이나 먹이가 위에서 내려다보았을 때 쉽게 들키지 않기 위해서이다. 반대로 배 색깔이 흰 것은 다른 생물이 아래서 올려다보았을 때 쉽게 들키지 않기 위해서이다. 이 색깔 조합이 반대로 되어 있다면, 숨을 곳이 없는 트인 바다에서 아주 쉽게 눈에 띄고 말 것이다.

유영생물의 몸 색깔
고등어를 비롯한 대부분의 물고기는 등이 푸르고, 배가 희다. 바다거북 역시 등 색깔은 어둡고, 배 색깔은 밝다.

04

8명의 생존자

현재 지구에는 8종의 바다거북이 산다. 이들은 두 개의 상위그룹(장수거북과, 바다거북과)에 속해 있는데 7종이 바다거북과에, 나머지 1종이 장수거북과에 속한다. 8종의 바다거북 중에서 4종은 세계 전역에 분포하고(장수거북, 푸른바다거북, 붉은바다거북, 매부리거북), 나머지 4종은 비교적 제한된 해역에 산다(올리브바다거북, 켐프바다거북, 검은바다거북, 납작등거북).
 바다거북은 서로 비슷비슷해 보이지만 종마다 개성이 꽤 뚜렷

바다거북의 크기비교
(오른쪽부터) 장수거북, 푸른바다거북, 붉은바다거북, 매부리거북, 올리브 & 켐프바다거북

하다. 처음에는 이 거북이 저 거북 같지만, 조금씩 알아 가면 개인의 취향에 따라 더 관심이 가는 바다거북이 생길 것이다. 이번 장에서는 8종의 바다거북을 하나씩 살펴보기로 하자.

장수거북 – 가죽옷을 입은 진정한 바다거북

여러 생물 중에서 하나를 다른 하나보다 더 낫다고 말하는 것은 어쩐지 '생물다양성'의 의미를 존중하지 않는 것 같아 조금 꺼려지는 일이다. 그래도 바다거북 중에서 하나를 골라야 한다면(이때의 '하나'에는 여러 의미가 있다), 그건 장수거북일 수밖에 없다. 장수거북은 바다거북 중의 바다거북이다. 이들은 진정 바다거북이라 불릴 자격이 있는 종이다.

장수거북은 바다거북 중에서도 독특한 종이다. 현재 바다거북 8종은 모두 두 개의 상위그룹에 속해 있다. 7종의 바다거북이 바다거북과 Chelloniidae에 속해 있고, 나머지 1종이 장수거북과 Dermochelyidae에 속해 있다. 장수거북은 별개의 그룹에 속한 자기 가문의 유일한 생존자이다.

장수거북의 DNA, 단백질, 뼈 성분을 분석한 결과 이들이 지금은 멸종한 백악기 거대거북과의 직계친척이라는 사실이 밝혀졌다. 약간 논란이 있기도 했지만, 현재는 '장수거북과'가 '바다거북과'와는 계통이 다른, 몇백만 년 앞서 출현한 조금 더 원시적인 그룹으로 추정하고 있다.

장수거북은 계통도 유별나지만 신체 구조도 독특하다. 장수거북의 등껍질 중에서 등딱지 부분은 거의 사라졌다. 거북 등껍질은 뼈층과 딱지층으로 이루어져 있고, 딱지층은 케라틴질로 되어 있다. 장수거북은 이 케라틴질의 딱지층이 없다. 대신 수천 개에 가까운 피부뼈가 지방조직과 결합해 가죽질의 외피를 이루고 있다. 그래서 장수거북의 영어 이름은 가죽등거북 leatherback turtle 이다. 그렇다면 왜 거북의 상징인 등딱지가 사라진 것일까?

그것은 장수거북이 바다거북 중에서도 바다에 완벽하게 특화된 생물이기 때문이다. 장수거북은 바다거북 중에서 유영(헤엄)에 가장 효율적인 신체 구조를 가졌다. 매끈한 가죽등과 그 위에 솟은 7개의 마루는 물의 저항을 줄여 주고, 빠른 헤엄을 가능하게 한다. (장수거북의 등에 솟은 7개의 마루가 고대 그리스 악기 '류트'를 닮았다고 해서, 유럽 어부들은 장수거북을 '류트' 라는 별칭으로 불렀다 한다.) 또한, 이들의 사지는 거대한 노와 같아서 엄청난 추진력을 제공한다. 그래서 장수거북은 현존하는 바다거북 중에서 헤엄 능력이 가장 뛰어나다. 서식 범위나 잠수 깊이, 이주 거리 역시 독보적이다.

바다거북은 변온동물이라 대부분 열대, 아열대 바다에 산다. 하지만 장수거북은 온대, 냉대 바다는 물론 아북극 해역에서도 발견된다. 래브라도, 아이슬란드, 노르웨이, 알래스카, 베링해 근처에서도 종종 모습을 드러낸다. 다른 바다거북들은 대부분 수심 500m 밑으로 내려가지 않는데, 장수거북은 1,000m 깊이로도 종종 내려가고, 1,200m 깊이에서도 발견된 적이 있다.

어떻게 장수거북은 추운 극지 해역이나 깊은 바다까지 접근할 수 있을까? 거북은 주위 온도에 영향을 받는 변온동물이 아닌가? 놀랍게도 한 연구에서 장수거북이 주변 온도보다 체온을 약 섭씨 8~10도 높게 유지할 수 있다는 사실이 밝혀졌다.

그 후 두 가지 메커니즘이 밝혀졌다. 하나는 장수거북의 큰 몸집과 가죽등이 아주 효율적으로 체온 손실을 막아 준다는 것이다. 장수거북의 가죽등은 두꺼운 지방조직으로 되어 있어 탁월한 보온재 역할을 한다. 또 장수거북은 지구에 서식하는 거북 중에서 가장 몸집이 크다. 현재까지 기록된 가장 큰 장수거북은 몸길이 2m 30cm에 몸무게가 약 1톤이었다. 장수거북의 커다란 몸집이 왜 체온 유지에 유리할까?

생물학이나 화학에서 중요한 개념 중 하나로 '표면적 대 부피 비율'이라는 것이 있다. 이 비율이 중요한 이유는 어떤 덩어리가 있을 때, 그 덩어리의 부피와 표면적 간의 비율에 따라 열, 에너지, 물질 등의 교환 효율이 달라지기 때문이다. '표면적 대 부피 비율'의 원리는 생명체의 신진대사, 물질의 화학반응 등 일상생활에서도 발견할 수 있는 중요한 개념이다.

예를 하나 들어 보자. 여러분이 밤에 출출해서 먹을 것을 찾다가 마땅한 게 없어서 감자를 삶았다고 하자. 그런데 삶고 보니 너무 뜨거워서 감자를 식혀야 했다. 그래서 여러분은 김이 모락모락 나는 감자를 네 조각으로 잘라 놓고 기다렸다. 네 조각으로 자른 감자는 자르지 않은 감자보다 더 빨리 식기 때문이다. 이것은 자른 감자나 자르지 않은 감자나 부피(크기)는 같지만, 공기와 접촉하는 면적이 달라서 열이 빠져나가는 속도가 달라지기 때문이다.

이번에는 삶은 감자 중에서 탁구공만 한 감자와 야구공만 한 감자가 있다고 하자. 이 둘을 자르지 않고 그냥 내버려 두었을 때, 더 빨리 식는 것은 작은 쪽의 감자일 것이다. 작은 감자는 부피에 비해 표면적 비율이 커서 공기와 접촉해 열을 잃을 수 있는 면적이 크기 때문이다. 반면 큰 감자는 부피에 비해 표면적 비율이 작아서, 열을 잃을 수 있는 면적의 비율이 작다. 그래서 몸집이 큰 물체일수록 열의 보존에 유리하고 더 천천히 열을 잃게 된다. 장수거북의 큰 몸집은 이런 원리 때문에 체온 유지에 유리하다.

장수거북이 추운 바다에서 헤엄칠 수 있는 두 번째 이유는 더 놀랍다. 연구자들은 장수거북이 힘차게 헤엄을 치면서 내부 근육을 통해 일정량의 열을 발생시킨다는 사실을 발견했다. 즉, 장수거북은 변온동물이면서도 부분적으로 '정온동물'의 특징을 가지고 있는 것이다. 한 연구자는 장수거북의 체온 유지 방식이 파충류 같은 변온동물과 포유류 같은 정온동물의 중간 수준이라고 언급하기도 했다. 장수거북은 커다란 몸집과 '가죽옷', 변온동물답지 않게 일정 수준의 발열 능력을 가졌기 때문에 훨씬 추운 해역으로도 접근할 수 있었던 것이다.

생활사 측면에서 장수거북은 다른 바다거북과 달리 먼바다에서 일생을 보낸다. 성체가 되면 다른 바다거북은 산란이나 짝짓기를 위해 연안으로 돌아와 머무르지만, 장수거북은 짝짓기와 산란할 때를 제외하고 일생을 먼바다에서 보낸다. 일생의 대부분을 연구자들이 접근할 수 없는 곳에서 보내기 때문에 장수거북의 생활사는 베일에 가려져 있다.

한때 미국에서는 장수거북의 생태를 조사하기 위해서 갓 부화한 새끼들을 커다란 수조에서 기르려고 했던 적이 있다. 하지만 어린 장수거북들은 계속 수조에 머리를 부딪치며 헤엄을 치다가 모두 죽어버렸다. 지금도 장수거북은 가장 연구하기 힘든 바다생물 중 하나이다.

장수거북은 현재 멸종위기종으로 지정되어 있다. 몇몇 포유류나 사람들은 이들의 알을 약탈하고, 연안 개발과 해양오염 등은 장수거북의 생존을 위협하고 있다. 특히 장수거북은 해파리 같은 젤라틴질의 생물을 즐겨 먹는데, 비닐봉지를 해파리로 착각하는 바람에 종종 목숨을 잃기도 한다. 죽은 장수거북의 식도나 위에서는 여러 차례 비닐봉지가 발견되었다.

장수거북은 지구에서 가장 큰 거북이고 백악기 바다를 누볐던 거대 거북들의 직계친척이다. 원시적인 계통을 가진 생물이 종종 그렇듯이, 장수거북에게는 원시적인 생물 특유의 위용이랄까, 이질감 같은 것이 있다. 다 자란 장수거북은 귀엽거나 정감이 가는 게 아니라, 왠지 무서울 만큼 오래된 생물이라는 느낌을 준다. 이들은 자신이 속한 가문(장수거북과)의 유일한 생존자이다. 장수거북이 사라진다면 우리는 그 가문의 유일한 생존자를 잃는 동시에,

다시는 복구할 수 없는 가문 자체의 소멸을 마주하게 될 것이다.

장수거북
다 자란 장수거북은 몸길이가 2m, 몸무게가 약 1톤에 달한다. 이들은 등딱지 대신 가죽질의 등을 가졌다. 장수거북은 지구에 사는 가장 큰 거북으로 헤엄 능력, 서식 범위, 잠수 깊이에서 이들을 따라올 바다거북은 없다.

푸른바다거북 — 바다거북의 대명사

장수거북과에 장수거북이 있다면, 바다거북과에는 푸른바다거북(이하 푸른거북)이 있다. 헤엄 능력, 서식 범위, 이주 거리에서 장수거북을 따라가진 못해도 푸른거북은 사람에게 가장 잘 알려진 거북이다. 영어로 그린터틀 green turtle 이라 불리는 이들은 바다거북의 대명사이다.

푸른거북은 수온이 섭씨 20도 이상의 아열대, 열대 해역에 분포한다. 세계 해역에 넓게 퍼져 살지만, 재미있게도 아메리카 대륙의 서해안에는 살지 않는다. 이 지역은 한때 푸른거북의 아종으로 알려졌던 검은바다거북의 서식지이다. 지금은 뚜렷이 구분되는 서식 지역 때문에 검은바다거북을 독립된 종으로 인정하는 추세이다.

푸른거북은 바다거북과 중에서 가장 몸집이 큰 종이다. 이들이 그린터틀이라 불리는 것은 몸 색깔이 푸르기 때문이 아니라, 이들에게서 짜낸 기름이 푸르기 때문이다. 푸른거북 기름은 올리브색이 도는 푸른 빛이며 다양한 의약품 및 생활용품에 사용된다. 실제 푸른거북의 몸 색깔은 갈색, 회색 또는 검은색에 가깝다.

푸른거북은 주로 해초와 조류를 즐겨 먹지만, 커다란 플랑크톤, 조개, 물고기, 해파리도 먹는다. 이들의 등껍질에는 가끔 따개비나 이끼가 붙어 있어서 작은 물고기들이 푸른거북을 따라다니는 모습을 관찰할 수 있다. 또 푸른거북은 햇볕을 쬐러 모래 해변으로 올라오는 유일한 바다거북이다. 햇볕 쬐기basking는 파충류를 비롯한 변온동물에게 아주 중요한 행동이다. 푸른거북이 햇볕을 쬐는 것은 몸을 덥히고, 등껍질의 기생충을 제거하고, 비타민 D를 합성하기 위해서라고 알려져 있다.

푸른거북은 사람들에게 가장 많이 착취된 바다거북 중 하나이다. 사람들은 고기, 알, 등껍질, 기름 등을 얻기 위해 오랫동안 푸른거북을 잡아 왔다. 이들의 찜과 수프는 북미, 유럽에서 인기 있는 별미이다. 또 이들의 기름은 의약품, 화장품 등에 폭넓게 쓰이며, 알 역시 사람들이 즐겨 먹는 음식이다. 푸른거북은 서식 범위가 넓은 데다 육지와 가까운 연안 근처에서 자주 발견되기 때문에 비교적 포획할 기회도 많다. 현재 이들은 멸종위기종으로 지정되어 있다.

과거에는 수요가 많아서 한때 멕시코, 미국 등지에 사육장이 생겨나기도 했지만 이 시도는 곧 경제성이 없는 것으로 드러났다. 푸른거북이 성장 속도도 느리고 관리가 까다로울 뿐 아니라, 사육시 건강 상태가 별로 좋지 않았기 때문이다. 현재 푸른거북 사육장은 관광용으로 쓰이고 있다.

푸른바다거북

바다거북의 대명사 푸른바다거북. 이들은 세계에서 가장 많이 착취된 바다거북 중 하나이다. '푸른'거북이라는 명칭은 몸 색깔이 아니라, 이 거북에게서 짜낸 기름 색깔 때문에 붙여졌다. 푸른바다거북의 알, 고기, 기름 등은 세계적인 인기 상품이다.

검은바다거북 – 잊혀져 있던 생존자

검은바다거북(이하 검은거북)은 오랫동안 푸른바다거북의 아종(하위종)으로 분류되어 왔다. 아종이란 같은 종의 조금 다른 버전이라는 뜻이다. 다시 말해, 푸른거북과 조금 다르긴 해도 결국 푸른거북이라는 뜻이다. 검은거북은 아메리카 대륙 서해안과 적도 근처에서만 산다. 반면, 푸른거북은 전 세계 바다에서 살지만, 신기하게도 아메리카 대륙 서해안에는 살지 않는다. 이렇게 뚜렷이 구분되는 서식 범위 때문에 현재는 검은거북을 독립된 종으로 인정하는 추세이다.

이 책에서는 검은거북이 독립된 종이라는 견해를 따랐다. 최근 추세를 따른 것이기도 하지만, 바다거북이 더 많이 보호되기를 바라는 마음도 담겨 있다. 종 분류는 생물 종 보호와 관련해 정치적인 영향력을 갖기도 한다. 종의 숫자가 하나라도 더 많다면 특정한 서식지나 생물 종을 보호할 때 더 유리한 사회적, 정치적 의사결정을 이끌어낼 수 있다.

검은거북
오랫동안 푸른바다거북의 아종으로 취급된 검은바다거북은 전체적으로 몸 색깔이 검은 빛을 띤다. 이들은 푸른바다거북이 서식하지 않는 아메리카 서해안과 적도, 태평양의 몇몇 섬에서 서식한다.

오랫동안 존재를 인정받지 못했기 때문에 검은 거북에 대한 연구자료는 많지 않다. 또 이들은 CITES* 멸종위기 1급 목록에 올려져 있지도 않다. 즉, 검은 거북은 현재 거래나 포획이 국제법적으로 규제되지 않는 종이다. 이들의 개체수나 생활사는 앞으로 자세

---

*멸종위기에 처한 야생 동식물종의 국제 거래에 관한 협약

히 연구되어야 할 것이고, 하루빨리 CITES 멸종위기 1급 목록에 등재되어 보호를 받아야 한다.

 ## 붉은바다거북 - 성깔 있는 큰머리 거북

붉은바다거북(이하 붉은거북)은 지중해, 카리브 해를 비롯해 세계 바다에 서식하는 종이다. 현재까지 가장 광범위하게 연구된 바다거북으로 우리나라에서도 종종 관찰된다. 붉은거북의 영문 명은 로거헤드 터틀loggerhead turtle이다. 과거에 유럽인들은 이 거북의 머리를 보고 '로거헤드loggerhead'라고 불렀다 한다. 머리가 크다는 뜻이다. 실제로 붉은거북의 머리는 상당히 굵고 다부지다.

붉은거북은 몸 색깔이 전체적으로 갈색, 붉은색을 띤다. 그래서 우리말로 붉은바다거북이라는 이름이 붙었다. 어릴 때 붉은거북의 등딱지는 가장자리가 톱날 모양을 띠는데, 자라면서 이 형태는 무뎌진다. 붉은거북은 다른 바다거북과 달리 비교적 육식성이다. 바다거북은 보통 초식을 주로 하는 잡식성인데, 붉은거북은 조개, 새

붉은바다거북
붉은바다거북은 머리가 커서 큰머리거북loggerhead turtle이라는 이름이 붙었다. 이들의 몸 색깔은 전체적으로 붉은 갈색 계열이다.

우, 해삼, 갑각류, 치어 등 다양한 동물을 먹는다. 그래서인지 붉은 거북은 다소 공격적이고, 방해를 받으면 사람을 물기도 한다. 실제로 천적인 뱀상어 tiger shark 에게 공격을 받자, 뱀상어의 지느러미를 물어뜯어 이를 쫓아내는 모습이 촬영되기도 했다. 이들의 턱은 아주 강력해서 조개나 갑각류처럼 단단한 먹이도 부술 수 있다.

붉은거북은 미성체 시기에 먼바다를 떠다니는 모자반(갈조류) 숲에서 생활하는 것으로 알려져 있다. 몸 색깔이 갈색 계열이라 모자반 숲이 훌륭한 은신처를 제공해 준다. 또 이들은 겨울이 되면 비교적 온도 변화가 적은 연안 바닥에서 몇 달 동안 동면을 하기도 한다.

붉은거북 역시 알, 고기, 등껍질 때문에 오랫동안 포획되어 왔다. 현재 이들은 CITES 멸종위기 1급 목록에 등재되어 있다.

매부리거북 – 아름다운 등껍질

매부리거북 hawksbill 의 부리는 어느 정도 새의 부리를 닮았다. 하지만 이들은 부리보다 등껍질 때문에 유명한 거북이다. 매부리거북의 등껍질은 자개처럼 아름다운 문양을 가지고 있다. 전체적으로 여러 개의 모자이크를 붙여 놓은 것 같다. 어릴 때는 무늬가 불규칙하지만, 성장하면서 등껍질의 구획도 선명해지고 빛깔도 깔끔해진다. 이들의 등껍질과 비교하면 다른 바다거북의 등껍질은 조금 밋밋해 보인다.

매부리거북은 공예용으로 가장 많이 포획된 바다거북이다. 유럽, 일본 등지에서는 이들의 등껍질로 빗, 탁자, 안경테 등의 공예품을 만든다. 현재 이들은 CITES 멸종위기 1급 목록에 등재되어 있는데, 일본이나 쿠바 같은 나라에서는 이 거북을 CITES 2급 목록에 등재해야 한다고 주장하기도 한다. 이는 매부리거북 등껍질의 거래를 합법화하기 위한 것이다.

매부리거북의 몸 색깔은 연갈색, 오렌지색 계열이다. 이들 역시 붉은거북처럼 해초뿐 아니라 갑각류, 무척추동물을 먹는 잡식성이다. 매부리거북은 대부분 연안 근처에 서식하며 다른 거북들에 비해 이주성이 적다. 푸른거북이나 장수거북은 산란이나 짝짓기를 위해 수천 킬로미터를 이동하지만, 매부리거북은 한번 이주할 때 보통 500킬로미터 이상은 움직이지 않는다.

또 매부리거북의 고기에는 거북독 cheloniotoxin 이라는 특이한 독 성분이 있는 것으로 알려져 있다. 이는 매부리거북이 시구아테라 ciguatera 독성을 함유한 산호초, 조개, 물고기를 잡아먹을 때 생물농축 현상을 일으켜 체내에 쌓인 것으로 추정된다. 그래서 매부리거

매부리거북
매의 부리를 닮아서 매부리거북이라는 이름이 붙었으며, 등껍질로 유명한 종이다. 이들은 공예용으로 가장 많이 포획된 바다거북이다. 이들의 고기에는 독 성분이 있는 것으로 알려져 있다.

북은 식용으로 거의 쓰이지 않는다. 태평양에 있는 섬들의 원주민들은 이 거북을 먹기도 하지만 때로 이들의 독성이 위험할 수 있다는 연구결과가 있다. 매부리거북 역시 멸종위기종으로 지정돼 있고, 한때 이들의 등껍질 때문에 멕시코나 말레이시아에 인공 사육장이 만들어지기도 했다.

올리브(각시)바다거북과 켐프(각시)바다거북

두 바다거북은 다른 종이지만 비슷한 점이 많아 같이 묶었다. 이름에서 알 수 있듯이 이들은 같은 바다거북속(屬)에 속해 있다. 이름도 비슷하고 체구도 비슷하다. 진화 관계도 가까워서 거의 쌍둥이 같은 종이다. '각시'라는 이름이 붙은 것을 보면, 처음 이 거북들을 분류했던 분들에게 고운 인상을 남겼던 것 같다. 확실히 체구가 작고, 등껍질과 목 사이가 매끈해서 전반적으로 깨끗한 인상을 준다.

두 거북은 바다거북 중에서 가장 몸집이 작다. 다 자랐을 때 몸길이가 90cm, 몸무게는 50kg 정도이다. 서식 범위도 넓지 않다. 주로 연안에서 생활하고 잠수 깊이도 150m를 넘지 않는다. 이들은 진화적으로 민물거북과 가장 가까운 바다거북이다. 다른 바다거북들은 육지에서 이동할 때 앞쪽 양발을 동시에 움직이지만, 이들은 다른 파충류나 민물거북처럼 앞쪽 양발을 대각선으로 엇갈리게 움직인다. 그렇다고 다른 바다거북보다 잘 걷는 것은 아니다.

이들 역시 육지에서는 이동이 서투르다.

두 거북의 영문명은 올리브리들리바다거북olive's ridley turtle, 켐프리들리바다거북kemp's ridley turtle이다. 우리나라 학자들은 이들을 곱게 보고 '각시'라는 이름을 주었지만, 서양인들은 조금 다른 시각을 가졌던 것 같다. 이들의 이름에 얽힌 사연을 잠깐 살펴보자.

올리브바다거북(좌)과 켐프바다거북(우)
바다거북 중에서 가장 크기가 작은 이들은 '아리바다'라는 놀라운 집단 산란 행동을 보인다.

20세기 초까지만 해도 이들은 서양에서 '잡놈거북bastard turtle'이라는 이름으로 알려져 있었다. 바스터드bastard란 순종이 아니라 잡종이라는 뜻인데, 사생아, 잡놈, 서자 등의 경멸적인 뉘앙스도 담긴 말이다. 18세기 프랑스의 박물학자 제르맹 드 라세페드Germain de Lacepede는 올리브각시거북을 분류하면서 '잡종거북'이라는 이름을 붙였고, 그것이 이들의 이름이 되었다.

약 130년 전, 미국 플로리다의 어부이자 아마추어 박물학자였던 리처드 켐프Richard Kemp는 올리브바다거북과 비슷한 거북을 하나 발견하고, 하버드 대학의 사무엘 가먼Samuel Garman 교수에게 갖다 주었다. 그때 켐프는 이 거북을 '잡놈거북'이라 소개했다 한다. 사무엘 가먼은 이 두 번째 '잡놈거북'에게 발견자의 이름을 따 '켐프리들리'라는 이름을 주었다. 그것이 지금의 켐프바다거북이다.

그러다 1940년대 두 거북의 이름은 '리들리거북'으로 바뀌게 된다. 명칭 변경을 주도한 사람은 저명한 바다거북 연구자, 아치 카Archie Carr(1909-1987)였다. 관례상, 생물의 이름은 원칙적으로 처음 명명한 사람의 것을 따라야 한다. 하지만 카는 플로리다 어부들이 이 거북을 '리들리'라 부른다고 언급하면서, 이 이름이 폭넓게 사용되고 있으니까 자신은 '잡놈거북'이란 명칭 대신 '리들리거북'을 쓰겠다고 했다.

그 뒤 카의 제안은 널리 받아들여져 학계는 물론 사전에서도 이 명칭을 수용했다. '리들리'라는 명칭의 유래에 대해서는 그 외에도 수수께끼라는 영어단어 리들riddle에서 나왔다는 설, 그레고리 리들리라는 과학자의 이름을 따랐다는 설 등이 있다. 사연이야 어떻든 '리들리'라는 명칭이 사용된 것은 100년도 채 되지 않는다.

생태적 측면에서 두 거북은 '아리바다arribada'라는 인상적인 집단 산란 행동을 보인다. 바다거북이 한꺼번에 특정 해변으로 몰려와 집단으로 산란하는 것을 말한다. 다른 바다거북도 가끔 집단으로 알을 낳지만, 가장 뚜렷하게 '아리바다'를 보여주는 것은 이 거북들이다.

아리바다가 일어나는 주요 해변은 멕시코, 코스타리카 등의 카리브 해에 있다. 1947년에는 멕시코의 란초 누에보Rancho Nuevo 해변

1947년의 아리바다
멕시코의 란초 누에보 해변에서 1947년, 안드레스 헤레라Andres Herrera가 촬영했다. 연구자들 사이에서 유명한 영상으로 약 4만 마리의 켐프바다거북이 모인 것으로 추정된다. 일제히 해변으로 기어가는 거북들은 마치 외계 생물인 듯한 초현실적인 느낌을 불러일으킨다.

에 약 4만 마리의 켐프바다거북이 모여든 장면이 카메라에 담겼다. 이는 바다거북 연구자들 사이에서 유명한 영상으로 인터넷에서도 감상할 수 있다.* 흐릿한 화면 가득 수없이 기어가는 켐프바다거북을 보고 있으면, 마치 외계의 어느 행성에 와 있는 것 같다.

이 거북들이 왜 집단 산란을 하고, 어떻게 엄청난 숫자가 동시에 특정 해변으로 모여들 수 있는지는 아직 수수께끼이다. 잘 알려진 가설 하나는, 포식자들이 다 먹지 못할 만큼 많은 알을 낳아서 새끼들의 생존율을 높이려 한다는 것이다. 또 이들 거북이 한꺼번에 모여들 때, 페로몬과 예민한 후각으로 서로 의사소통을 할 수 있다는 설명도 가설로 제안되었다.

한때 아리바다를 위해 몰려드는 바다거북의 숫자가 급격히 감소해 문제가 되었다. 멕시코 만과 카리브 연안의 오염, 산란지 파괴, 지나친 포획 때문에 과거에는 수천, 수만 마리의 거북들이 돌

*http://www.youtube.com/watch?v=W4u3GL9SyyM

아왔던 것이, 20~30년 전에는 몇백, 몇천 마리 수준으로 줄어들었던 것이다. 그 후 북미와 남미 각국에서 바다거북 보호가 꾸준히 이루어졌고, 2006년에는 멕시코 해안에서 약 1만 마리의 바다거북이 관찰되었다.

유명한 아리바다 산란지인 코스타리카에서는 현재 해변을 엄격하게 보호해서 알의 반출이나 거북의 포획을 금지하고 있다. 코스타리카 정부는 지역 주민들이 아리바다의 첫날에만 알을 가져갈 수 있도록 하고 있다.

납작등거북 – 호주 바다의 토박이

납작등거북flatback turtle은 호주 연안에만 서식하는 바다거북이다. 납작등이라는 이름은 평평한 등껍질 때문에 붙여졌다. 이 거북의 등껍질은 쉽게 상처가 나고, 손톱으로 긁기만 해도 피가 난다고 알려져 있다. 전체적으로 몸 색깔은 어두운 회색이고, 등껍질 가장자리에서 톱날 형태가 관찰된다.

납작등거북은 다른 바다거북보다 알을 적게 낳는다. 다른 바다거북은 산란 시 평균 100개 정도를 낳는데, 납작등거북은 대략 50~60개 정도를 낳는다. 대신 새끼들의 몸집은 바다거북과 중에서 제일 크다. 알이 적은 대신 새끼들의 크기를 키워서 생존율을 높이는 것이다. 실제로 새끼들의 신체 크기가 부화 초기 생존율에 큰 영향을 미친다는 사실이 통계적으로 밝혀져 있다. 조금이라도

납작등거북
호주 연안에만 서식하는 바다거북으로 유난히 등판이 납작해서 납작등거북이라는 이름이 붙었다. 등껍질이 연약해 손톱으로 긁어도 상처가 난다고 알려져 있다.

큰 거북들이 더 높은 생존율을 보인다는 것이 관찰되었다.

납작등거북은 부화하자마자 바다로 나가서 성체가 될 때까지 맹그로브mangrove 숲에 머문다. 호주 연안에만 살기 때문에 다른 바다거북에 비해 상대적으로 착취를 덜 당했고, 고기가 맛이 없다는 평가도 있다. 20세기 초에는 기름을 얻기 위해 대량으로 포획되기도 했다. 현재는 CITES 멸종위기 1급 목록에 등재되었고, 호주 정부에서 강력하게 보호하고 있다. 현재 몇몇 호주 원주민을 제외하고 이 거북을 잡는 것은 불법이다.

우리나라와 바다거북 이야기

해귀(海龜)

해귀는 민물거북과 비슷하다. 등에는 대모(瑇瑁)와 같은 무늬가 있다. 때로는 수면 위로 떠오른다. 성질이 매우 느려서 사람이 가까이 가도 놀라지 않는다. 등에는 굴 껍질이 있으며 조각조각 벗겨져서 떨어진다. 이것이 혹시 대모일지도 모르겠다. 섬사람들은 재난을 입을까 두려워하여 해귀를 보아도 잡으려 하지 않는데 애석한 일이다.

정약전의 『자산어보』 중에서*

거북이가 그물에 걸리면 무서워서 곧장 띠어버려요. 우이도 부근에서 한 번 봤지라. 다리가 날개같이 생기고 거무죽죽한 놈이었어라.

전남 신안군의 한 어민**

여덟 종의 바다거북 중에서 푸른바다거북, 붉은바다거북, 매부리거북, 장수거북의 서식 범위는 우리나라 연안을 포함하고 있다. 이 중에서 푸른바다거북과 붉은바다거북은 종종 남해와 동해안에서 발견된다. 장수거북과 매부리거북은 드물게 관찰되지만 보고가 되지 않았을 뿐 역시 우리나라 근해에 출몰하고 있을 것으로 추정된다.

우리나라에서는 바다거북을 접할 기회가 거의 없다. 체계적인 연구는 물론 바다거북 실태조차 제대로 알려져 있지 않다. (우리나라에서 바다거

---

* 이태원, 현산어보를 찾아서4, 청어람미디어, 2004, p.1180에서 인용
** 이태원, 현산어보를 찾아서4, 청어람미디어, 2004, p.127에서 인용

북을 처음 조사한 것은 2008년의 일이다.) 그 이유는 우리나라가 바다거북의 주요 산란지가 아닌 탓도 있겠지만, 바다거북에 대한 사람들의 두려움과 신앙 때문인 것도 같다.

우리나라에서는 바다거북을 영물로 여긴다. 그래서 바다거북이 잡히면 술상을 차려 제사를 지낸 다음 바다로 돌려보낸다. 바다거북은 용왕의 아들이라서 그해의 고기잡이, 날씨, 운수 등에 영향을 준다고 믿기 때문이다. 그래서 복을 부르기 위해 바다거북을 예우하는 것이다.

멸종위기에 처한 바다거북을 대우하는 것은 좋은 일이다. 하지만 바다거북에 대한 책 한 권 없고, 우리나라 바다거북의 정확한 실태조차 알 수 없다는 건 조금 부끄러운 일이다. 조선 후기의 해양 생물서인 정약전의 『자산어보』에 바다거북 이야기가 나온다. 정약전은 바다거북이 인간에게 유익한 생물인데도, 어민들이 바다거북을 무서워해 잡지 않는다고 적고 있다.

북미 사람들처럼 멸종위기에 처한 바다거북을 먹고, 바르고, 상품화해서 호들갑을 떠는 일이 별로 바람직해 보이지는 않지만, 바다거북을 영물로 치부하면서 바다거북에 대해 미련할 만큼 무지하다는 것도 자랑스러운 일 같지는 않다. 세계적인 바다거북 연구자이자 보존생물학자였던 아치 카의 말처럼, 바다 거북을 알아야 바다거북을 존중할 수 있다. 우리나라에서도 얼른 바다거북이 연구되어 바다거북을 직접 볼 수 있는 기회가 왔으면 좋겠다.

마지막으로 재미있는 기사를 하나 소개하고 싶다. 우리나라 사람들과 바다거북 사이에서 일어났던 놀라운(!) 이야기이다. 아래는 1991년 3월 2일자 동아일보 18면에 실린 기사이다.

"거북등 타고 6시간 표류, 한국선원 벵골만서 구출"

한국의 한 선원이 파도에 휩쓸려 바다에 떨어졌으나 지나가던 거북 등을 타고 6시간을 표류하다 기적적으로 구조됐다. 지난 달 22일, 방글라데시의 치타공항 남쪽 130km 해상을 항해 중이던 한국어선 메이스타호의 선원 임XX씨가 이날 새벽 갑판에서 파도에 휩쓸려 바다에 떨어졌으나 6시간 뒤에 거북등을 타고 표류하다 동료선원들에게 발견돼 그물이 달린 기중기로 거북과 함께 구출됐다.

임씨는 지난 26일 치타공항에 도착한 후 "거북이 무척 우호적이었으며 나한테 아무런 해도 입히지 않았다"면서 "거북에 올라타 목을 단단히 붙잡고 있으면 거북이 계속 바다 위를 떠다닌다는 사실을 책을 통해 알고 있었다"고 말했다.

임씨는 구조되었을 당시 별다른 상처를 입지 않았고 다만 피로할 뿐이라고 말했으며 자신을 구해준 거북은 길이가 최소한 1m 이상 됐다고 전했다.*

바다거북 덕분에 목숨을 구한 우리나라 선원의 이야기는 1969년, 1974년의 신문에도 실렸다. 그 내용은 비슷하다. 바다에 빠진 선원이 구사일생으로 거북을 타고 구조되었다는 것이다. 동아일보, 경향신문처럼 유명한 신문에 실렸으니, 근거 없는 이야기는 아닐 것이다. 하지만 수면 근처에서 바다거북이 사람을 만났다면, 일단 물 밑으로 잠수해 달아나지 않았을까?

---

* 〈네이버 옛날신문 서비스〉에서 인용 http://newslibrary.naver.com/viewer/index.nhn?articleid=1991030200209218009&editNo=1&printCount=1&publishDate=1991-03-02&officeid=00020&pageNo=18&printNo=21402&publishType=00020

자연 상태의 바다거북이 6시간이나 사람을 싣고 헤엄을 쳤다니 조금 놀랍다.

1969년에도 비슷한 사건이 있었다. (1969.8.28. 동아일보) 한국 선원이 바다에 빠져 헤매다가 바다거북의 등에 실려 구조되었다. 기사에 의하면 당시 미국의 한 해양학 교수에게 이 소식이 전해졌다 한다. 그는 보통 바다거북은 사람을 만나면 달아나는데, 표면 근처에서 계속 배회한 걸로 봐서 아프거나 상처를 입은 거북이 아니었을까 하고 추정했다.

바다거북의 헤엄 능력, 숨을 쉬기 위해 주기적으로 수면으로 올라오는 습성 등을 생각하면, 완전히 불가능한 이야기는 아닐 것이다. 하지만 실제 바다거북의 습성이나 행동 양식을 근거로 입증된 적이 없어서, 아직은 놀라운 소식처럼 들릴 뿐이다. 이 사건을 앞으로 우리나라의 바다거북 연구 과제 중 하나로 다뤄 볼 수도 있을 것이다. 사람이 바다거북을 살린 예는 있어도, 바다거북이 사람을 살렸다는 이야기는 아직 어떤 논문에서도 발표되지 않은 것 같기 때문이다!

05

거북은 알을 깨고 나온다

연어처럼 바다거북은 귀소성을 가진 생물이다. 다 자란 바다거북은 먹이가 풍부한 섭식 장소에 머무르다 짝짓기나 산란기가 되면 수천 킬로미터를 헤엄쳐 자신이 태어난 해변 근처로 돌아온다. 바다거북은 모든 해양 생물을 통틀어 헤엄 능력이 가장 뛰어난 동물 중 하나이다. 장수거북, 푸른바다거북 등은 한 번 이주할 때마다 수천, 때로 일만 킬로미터 이상을 이주한다. 게다가 바다거북은 성체가 되는 데 상당히 긴 시간이 걸린다. 짧게는 15년, 길게는 40년 이상이 필요하다. 그래서 바다거북이 다시 태어난 해변으로 돌아오려면 아주 긴 시간이 흘러야 한다. 이런 사실들이 바다거북의 생활사를 유난히 드라마틱한 것으로 만든다.

바다거북의 생활사를 이야기하기 전에 먼저 언급할 인물이 있다. 바로 미국의 바다거북 연구자이자 보존 생물학자인 아치 카이다. 카는 바다거북에 관심을 갖고 체계적으로 바다거북의 생태를 연구한 최초의 인물이다. 굳이 그를 언급하는 이유는 이 '최초'라는 사실에 있다. 1950년대부터 카가 본격적으로 바다거북을 연구하기 전까지 이 동물의 생태는 학자들의 관심분야가 아니었다. 바다거북의 이주, 번식, 산란 등의 중요한 생활사는 베일에 가려 있었다. 지금은 동화책이나 다큐멘터리에서 쉽게 접하는 사실들이 불과 50년 전에는 서구 학계에서도 알려지지 않은 것들이었다. 다만 카리브 해의 어부들만이 바다거북이 아주 먼 거리를 이동한다는 것, 또 이들이 자주 나타나는 장소와 산란지 등을 경험으로 알고 있을 뿐이었다.

이런 상황에서 30년간 바다거북을 연구하며 바다거북 생태의 기초적인 밑그림을 완성시킨 사람이 카이다. 그는 바다거북 생활사에서 발견되는 여러 중요한 현상들을 처음으로 관찰하고, 이를 정확하게 기록했다. 바다거북 생활사 연구에서 중요하게 사용되는 몇몇 용어 때문에라도 카는 빼놓을 수 없는 인물이다. 그는 같은 종으로 취급되던 붉은바다거북과 각시거북속(올리브바다거북, 켐프바다거북)을 정확히 분류하고, 각시거북속에게 지금 같은 '리들리거북'이라는 명칭을 부여하기도 했다.

연구 외적으로 카는 바다거북 보호의 필요성을 널리 알려, 보존생물학(생물 종 보호를 목적으로 하는 생물학)의 탄생에도 큰 영향을 미쳤다. 이것은 그가 학계와 대중에게 모두 호응을 받았던 몇몇 에세이의 저자라는 사실과 관련이 있을 것이다. 작가로서 그는 현대 환경 운동에 큰 영향을 주었던 레이첼 카슨이나 알도 레오폴드와 비견되기도 한다. 레이첼 카슨의 『침묵의 봄Silent Spring』,

알도 레오폴드의 『모래 군(郡)의 열두 달 A Sand County Almanac』 등은 아름다운 문장으로 쓰인 환경 분야의 고전이다. 아직 우리나라에는 카의 책이 번역되어 있지 않다. 그의 책 중, 남미의 자연과 문화, 거북을 다룬 유명한 에세이 『바람 부는 쪽으로 The Windward road』 정도는 가까운 미래에 번역되기를 소망해 본다.

바다거북에게 풍선을 달고 있는 아치 카
그가 보여준 다양한 활동이나 연구 업적을 볼 때, 카는 특정 분야의 학자라기보다 넓은 의미에서 '자연'과 '생명'에 매료되었던 '자연학자'에 가까웠다는 인상을 준다.

아치 카의 선구적 노력을 시작으로 1970년대부터 바다거북은 미국, 유럽 등에서 광범위하게 연구되기 시작했다. 현재는 바다거북의 이주, 산란, 번식 등 생활사의 기초적인 내용들이 어느 정도 밝혀져 있다. 물론 전체적으로는 여전히 바다거북 생활사의 많은 부분이 베일에 가려 있다. 첨단 라디오 수신기나 위성 추적 장치가 개발된 지금도 바다거북 연구는 쉽지 않다.

연구자에 따라 세부적으로 나누기도 하지만, 바다거북의 일생은 크게 세 단계로 나눌 수 있다. 알에서 깨어나 바다로 들어간 직후의 새끼 단계hatchling, 종적을 감추고 여러 해를 먼바다에 머무르는 미성체 단계juvenile, 산란과 짝짓기를 위해 태어난 연안으로 돌아오는 성체 단계adult. 이번 장에서는 먼저 새끼 단계를 살펴보자.

부화, 위험한 최초의 탄생

새끼 단계는 부화한 다음 며칠 정도의 기간이다. 이 시기에 새끼들은 알에서 부화해 먼바다로 가야 한다. 알에 있을 때 이들은 난황이라는 주머니에서 영양을 공급받는다. 부화할 때쯤이면 난황주머니는 쪼그라들어 새끼의 배에 부착된다. 새끼는 마지막 난황에서 영양분을 얻어 바다로 헤엄쳐 간다. 그러다 직접 먹을 것을 구하면, 새끼 단계는 끝이 난다. 새끼 단계는 어린 거북이 부화해 스스로 먹이를 구할 때까지의 며칠 정도의 기간을 말한다.

이 시기 새끼들의 첫 번째 과제는 '무조건 해변에서 달아나는 것'이다. 그것도 최대한 빨리 먼바다로 가야 한다. 새끼 거북이 태어난 해변은 이들에게 위험한 곳이다. 해변뿐 아니라 육지와 가까운 연안은 해양 생물에게 필요한 영양분이 풍부해서 생물의 밀도가 높다. 당연히 어린 거북의 천적들도 많다. 갓 태어난 바다거북은 각종 바다새, 포유류, 물고기, 바다뱀, 심지어는 바닷게의 먹이가 된다.

새끼 단계는 바다거북의 일생에서 치사율이 가장 높은 시기이다. 바다거북의 생존율 추정 모델에 따르면, 운이 나쁠 경우 새끼들의 절반 이상이 부화한 날 죽는다. 또 부화한 새끼들의 90% 이상은 자기의 다섯 번째 생일을 보지 못하며, 수십 년 후 성체가 되어 고향으로 돌아오는 거북은 1%가 채 되지 않는다. 대략 천 마리가 부화했을 때, 한두 마리만이 성체가 되는 것으로 추정되고 있다.

새끼 단계는 바다거북의 일생에서 가장 연약한 시기이다. 이 시기에 거북들은 어서 해변을 떠나 먼바다로 가야 한다.

부화는 협동작업

바다거북은 모래해변의 굴에서 부화한다. 굴의 깊이는 1m 정도로 대략 사람 무릎에서 엉덩이까지 온다. 새끼들은 모래 속에서 깨어나 힘을 합쳐 표면으로 뚫고 나온다. 이때 이들은 일사불란하게 협력한다. 제일 먼저 부화한 새끼는 모래굴을 허물지 않고 다른 새끼들이 부화하기를 기다린다.

아치 카의 제자였던 해롤드 허스 Harold Hirth 는 새끼들이 모래굴에서 지상으로 올라올 때 어떻게 협력하는지를 관찰했다. 먼저 제일 위쪽의 거북이 천장의 모래를 무너뜨린다. 측면에 있는 거북들은 흘러내리는 모래를 벽으로 밀어붙여 정리한다. 마지막으로 제일 아래쪽에 있는 거북은 흘러내린 흙을 눌러 다진다. 이런 식으로 모래굴 전체가 서서히 지상으로 떠오르는 것처럼 위로 이동하는 것이다.

새끼들이 굴을 뚫고 밖으로 나오는 시기는 대개 밤이다. 낮에도 나오지만 낮에는 천적에게 잡힐 위험이 훨씬 높다. 새끼들은 굴 속과 굴 바깥의 온도 차를 감지할 수 있는데, 주로 굴 바깥의 온도가 굴 속보다 낮아지는 밤에 밖으로 나간다. 통계에 따르면 처음 어미가 낳았던 알 중 대략 70~80%가 성공적으로 부화한다. 간혹 타이밍을 놓쳐 형제들과 보조를 맞추지 못하는 거북도 있는데, 뒤처지거나 개인행동을 하는 거북들은 대부분 죽고 만다.

부화는 협동작업
관찰에 의해 갓 부화한 바다거북들이 굴 밖으로 나올 때 일사불란하게 협력한다는 사실이 밝혀져 있다.

새끼 거북은 굴을 무너뜨린 다음 일제히 바다로 기어간다. 앞에서도 말했듯, 새끼 거북의 첫 번째 과제는 해변에서 도망치는 것이다. 갓 태어난 거북들은 아주 다급하게 움직인다. 육상 선수들이 스테로이드계의 약물을 복용하듯이, 움직임을 빠르게 하는 약이라도 맞은 것처럼 정신 없이 움직인다. 이 현상을 처음 관찰한 사람은 카였다. 그는 커다란 수조에서 갓 부화한 새끼 거북들이 쉬거나 멈추지 않고 격렬하게 헤엄치는 것을 발견했다. 이 과잉 활동상태는 부화한 뒤 24시간 정도 유지되었다. 장수거북, 푸른바다거북, 붉은바다거북 새끼들은 밤낮을 가리지 않고 24시간을 헤엄쳤다. 하루가 지나자 이들의 활동성은 감소했으며, 3일째가 되자 붉은바다거북과 푸른바다거북은 하루에 12시간 정도만 헤엄을 쳤다.

카는 새끼들의 이 행동을 보고 '최초의 격한 헤엄initial swim frenzy'이라 불렀다. 현재는 부화한 다음 24시간 정도의 기간을 '광란의 헤엄기frenzy period'라 부른다. Frenzy는 광란, 과잉 흥분 등으로 번역되는 말이다. 이는 새끼 거북이 미쳤다는 말이 아니라, 생존의 급박한 요구 때문에 무언가에 홀린 듯 과도하게 움직인다는 뜻이다.

'광란의 헤엄기'는 바다거북의 초기 생활사에서 매우 중요한 특징이다. 이를 통해 연구자들은 한번 바다로 들어간 새끼들이 쉬지 않고 헤엄쳐서 상당히 먼 바다로 나간다는 것을 알게 되었다. 이는 최대한 빨리 천적들이 드문 곳으로 도망치기 위한 전략으로 풀이된다.

바다거북은 상황에 따라 여러 차례 유영모드(헤엄모드)를 바꾼다. 갓 부화한 새끼 거북은 천적이 우글거리는 해변에서 최대한 멀어지기 위해 가장 빠른 헤엄법을 구사한다. 이때는 개구리 헤엄을 치듯이 양발을 동시에 움직인다. 그러나 연안에서 충분히 멀어진 뒤에는, 조금 더 여유롭게 움직이며 양발을 동시에 쓰지 않고 하나씩 사용한다.

이 사실은 실험에서도 확인되었다. 바다거북이 든 수조에 속도가 다른 물줄기를 흘려 주면서 이들이 뒤로 밀려가지 않으려고 어떻게 헤엄을 치는지 알아보았다. 바다거북은 빠르게 헤엄쳐야 할 때 양발을 동시에 움직였다. 반면 물줄기가 느릴 때는 적당히 양발을 번갈아 가면서 헤엄을 쳤다.

갓 부화한 새끼 거북은 바다에 들어간 뒤 약 24시간 동안 쉬지 않고 헤엄을 친다. 이를 '광란의 헤엄기 frenzy period'라 부른다.

시각으로 바다가 있는 쪽을 찾다

부화한 새끼는 본능적으로 바다로 기어간다. 밤이든 낮이든 날씨에 구애 받지 않고 정확히 해변으로 기어간다. 모래언덕이나 수

풀 같은 장애물이 있을 때도, 해변에서 꽤 떨어진 산란굴에서도 이들은 정확히 해변을 찾아낸다. 어떻게 새끼들은 바다 쪽을 찾는 것일까?

연구자들은 감각 박탈 실험을 통해 갓 태어난 거북들은 '시각'을 이용해 바다를 찾는다는 것을 밝혀냈다. 낮이든 밤이든 새끼 거북은 '가장 밝은 쪽'을 향해 본능적으로 이동한다. 해변에서 '가장 밝은 쪽'은 밤낮 상관없이 탁 트인 수평선이 있는 바다 쪽이다. 또 새끼들은 경사가 높아지는 쪽, 검은색 실루엣 등이 있는 쪽은 피하는 경향이 있었다. 이 역시 새끼들이 바다가 아닌 쪽으로 기어가는 것을 막아 준다. 해변에서는 대부분 바다 쪽이 경사가 낮고, 육지로 갈수록 나무, 수풀 때문에 그림자가 생기기 때문이다.

새끼들의 눈에 가리개를 씌우거나 커다란 판자 등으로 바다 쪽을 보지 못하게 가렸을 때, 어린 거북들은 제자리에서 빙빙 돌거나 엉뚱한 방향으로 이동했다. 반면 자연 상태의 새끼들은 바다 쪽을 정확히 찾아냈다. 새끼들이 가장 밝은 쪽으로 이동한다는 사실은 인공조명 실험에서도 확인되었다. 밤에 부화한 새끼들에게 손전등을 비추었을 때, 이들은 진로를 완전히 바꾸어 빛이 있는 쪽으로 기어 왔다. 이미 바다로 들어간 거북도 강한 빛을 비추면 되돌아 나올 정도였다.

이 실험은 어린 거북이 얼마나 빛에 예민한지, 또 빛이 바다거북의 부화나 산란을 어떻게 방해할 수 있는가를 잘 보여 준다. 이런 사실이 밝혀지고 나서 미국, 코스타리카, 그리스, 호주 등에서는 관광객들을 대상으로 밤에 바다거북 산란지에서 손전등을 사용하지 말라는 캠페인을 대대적으로 실시했다.

한편 연구자들은 새끼 거북의 시야 범위도 조사했다. 원기둥 모양의 실험 기구에 새끼 거북을 넣고 다양한 각도에서 빛을 비춰 주었다. 실험 결과, 새끼들은 좌우 시야 범위는 넓지만(약 180도), 상하 시야 범위는 좁은 것으로(10~30도) 밝혀졌다. 즉, 부화한 새끼들은 높은 곳에서 내리쬐는 빛은 인식하지 못할 확률이 높았다. 이는 밤에 부화한 새끼들이 달빛 등에는 거의 영향을 받지 않는다는 사실을 말해 준다. 하늘에서 달빛이 비친다고 달을 향해(?) 기어가 버리면 안 되기 때문이다.

갓 부화한 바다거북은 좌우 시야 범위는 넓지만, 상하 시야 범위는 비교적 좁은 것으로 밝혀졌다.

파도의 움직임으로 먼바다가 있는 쪽을 찾다

새끼들은 부화한 다음 시각을 이용해 바다를 찾는다. 하지만 일단 물에 들어가면 파도의 움직임으로 길을 찾기 시작한다. 바다로 들어간 새끼들은 쉬지 않고 24시간 가량을 격렬하게 헤엄친다. 이들은 최대한 빨리 천적이 드문 먼바다로 달아나야 한다. 그러려면 먼바다가 어느 쪽인지 알아야 한다. 탁 트인 외해로 달아나야 하는데, 해안선을 따라 배회하거나 엉뚱한 방향으로 들어서면 안 되기 때문이다. 이때 새끼 거북들은 파도의 기본적인 성질을 이용한다.

파도는 먼바다에서 육지로 다가올 때 대부분 해변과 평행하게 친다. 그래서 우리가 모래사장에 앉아 있을 때 정면에서 오는 파도를 볼 수 있는 것이다. 이 파도가 새끼에게 먼바다의 방향을 알려 준다. 파도를 정면으로 맞으면서 헤엄치면 먼바다로 나갈 수 있기 때문이다.

이때 어린 거북들은 시각을 거의 사용하지 않는다는 사실이 밝혀졌다. 커다란 해수 탱크에 새끼들을 넣고 인공적으로 파도를 만들었을 때 거북들은 파도가 치는 방향으로 헤엄쳤다. 하지만 파도가 없는 수조에서는 새끼들이 제멋대로 움직였다. 빛이 없는 수조에서도 결과는 같았다. 빛이 없는 밤에도 어린 거북들은 먼바다를 찾을 수 있다. 그 이유는 이들이 파도의 원운동을 몸으로 느끼기 때문인 것으로 추정된다.

파도가 치면 그 아래 입자들은 회전 운동을 한다. 수면과 가까운 곳에서는 원형으로 회전하고, 바닥과 가까워질수록 타원형으로 회전한다. 파도의 진행 방향은 그 아래 입자들을 공을 굴리듯 회전시킨다. 파도를 정면에서 맞을 때 거북은 뒤쪽으로 구르는 것처럼 회전한다. 반대로 파도를 뒤쪽에서 맞을 때는 앞쪽으로 구르는 것처럼 회전한다. 우리도 해수욕장에서 비슷한 경험을 한 적이 있을 것이다. 뒤에서 큰 파도가 다가올 때 거기에 몸을 맡기면 한순간 몸이 붕 뜨는 것처럼 앞쪽으로 구르는 것이다. 이렇게 어린 거북들은 파도 속 입자의 움직임을 느끼고 파도가 치는 방향과, 자신이 가야 할 먼바다 방향을 정확히 인식하는 것으로 보인다.

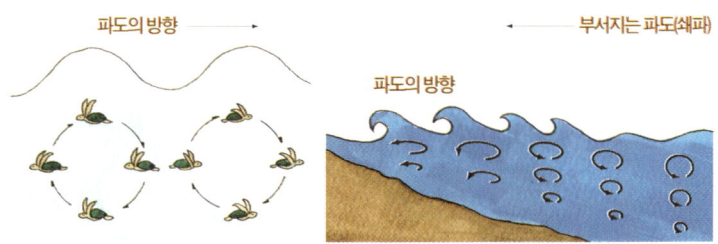

파도와 입자운동
파도가 치면 그 아래 입자들은 파도의 진행 방향 쪽으로 구르는 것처럼 회전한다. 어린 거북들은 물 입자의 회전 방향(몸의 회전 방향)을 통해 먼바다를 감지하는 것으로 보인다.

지구자기장으로 최종 목적지를 찾다

어린 거북이 연안을 떠나 깊은 바다로 가면 문제는 다시 달라진다. 미국 플로리다 해변에서 부화한 붉은바다거북을 추적한 결과, 어린 거북들은 해안을 떠나 깊은 바다에 도달하면 더 이상 파도 방향을 따라 헤엄치지 않았다. 이들은 파도의 방향과 무관하게 움직였다.

여기에는 이런 이유가 있다. 수심이 얕은 연안에서 파도는 거의 해변과 평행하게 친다. 그래서 파도는 먼바다의 방향을 말해 줄

수 있다. 하지만 깊은 바다로 나가면 파도가 치는 방향은 더 이상 먼바다의 방향과 일치하지 않는다. 파도의 굴절 때문에 파도를 정면으로 맞으면서 헤엄쳐도 먼바다로 나갈 수 없다. 새끼 거북들은 파도가 아닌 다른 수단에 의존해야 하는 것이다.

이때 어린 바다거북들은 지구자기장을 이용한다. 여러 실험에서 새끼 거북이 지구자기장의 방향과 세기를 정확하게 인식할 수 있다는 것이 밝혀졌다. 특히 바다거북은 부화 직후 며칠 사이에 후천적으로 자기장 인식 능력을 습득하는 것으로 알려져 있다. 부화한 다음 모래 해변을 기어가, 먼바다로 나가는 며칠이 자연스럽게 바다거북의 자기장 감각을 계발시켜 주는 것이다.

만약 새끼 거북이 이 시기를 놓치면 영영 방향 감각을 잃고 만다. 갓 부화한 새끼 거북들을 인공 수조에 각각 1일, 3일, 12일씩 가뒀다가 다시 해변에 놓아 주는 실험에서 12일 정도 갇혀 있던 새끼들은 아예 바다 방향을 찾지 못했다. 또 바다에 들어가서도 이리저리 방향성 없이 움직였다. 어린 거북들은 시각과 파도를 이용해 먼바다로 진입하는 과정에서 자연스럽게 지구자기장을 감지하고, 파도의 방향과 무관하게 계속 먼바다로 헤엄쳐 갈 수 있는 것으로 보인다.

약 50년 전만 해도 새를 비롯한 몇몇 동물이 지구자기장을 이용한다는 사실이 알려져 있었다. 하지만 바다거북이 그런 능력을 가졌는지는 밝혀져 있지 않았다. 바다거북은 갓 태어나 먼바다로 떠날 때뿐 아니라, 수십 년 뒤 자신이 태어난 해변으로 돌아올 때도 지구자기장을 사용한다. 더 자세한 내용은 7장에서 다룬다.

어린 바다거북의 길 찾기
갓 부화한 새끼들은 모래해변에서는 시각, 물에 들어간 다음에는 파도, 깊은 바다에서는 지구자기장을 이용해 먼바다로 나아간다.

난황, 바다거북의 도시락

산란을 마치면 바다거북은 바로 바다로 떠난다. 새끼를 보살피는 포유류와 달리 바다거북은 낳은 알을 돌보지 않는다. 물론 장수거북 같은 경우는 알을 낳은 다음 며칠 정도 산란지 근처에 머물면서 생물의 접근이나 침입을 막기도 한다. 하지만 알이 깨어나기 전에 해변을 떠나는 건 다른 거북과 마찬가지이다. 그런 의미에서 바다거북은 태어날 때부터 고아인 셈이다.

사람에게 익숙한 부모 자식 관계는 사실 수십억 년에 걸친 생물 진화의 역사에서 비교적 최근에 출현한 사건이다. 초기 포유류가 알을 낳던 선조의 방식을 포기하고, 새끼를 직접 낳아 기르기 시작한 것은 대략 1억 년 전후의 일이다. 소수의 새끼를 일정 기간 길러 자립시키는 방법은 어린 개체들의 생존율을 크게 높여 주었다.

사람과 달리 바다거북은 새끼를 직접 기르지는 않지만, 어미 거북이 새끼에게 남겨 놓은 선물이 있다. 바로 난황yolk이다. 난황은 양막란 내부에 있는 고단백 영양물질이다. 우리가 먹는 달걀 역시 양막란인데 달걀의 노른자위가 바로 난황이다. 난황은 생명의 최초 형태인 배embryo가 알에서 성장해 어린 개체가 될 때까지, 영양분을 공급하는 최초의 '도시락' 같은 것이다.

바다거북의 알에도 영양이 풍부한 난황이 있다. 새끼들이 부화할 때쯤 난황주머니는 어린 거북의 배 안에 부착된다. 가끔 어떤 새끼들은 부화한 뒤에도 배 밖에 난황주머니를 달고 있다. 바다거북은 부화하는 데 2~4개월 정도가 걸린다. 하지만 산란굴 외부의 자연조건이 적당하지 않을 때는 부화를 늦추거나 굴에서 더 긴 시간을 보내기도 한다. 민물거북의 한 종은 부화해서 굴 밖으로 나올 때까지 난황만으로 약 1년을 생존했다는 기록이 있다.

그러니 어린 거북들은 훌륭한 도시락을 하나씩 달고 바다로 기어가는 셈이다. 한번 물에 들어가면 새끼들은 보통 24시간을 쉬지 않고 헤엄친다. 이때도 배에 부착된 난황에서 에너지를 얻는다. 삶의 첫 발을 내딛는 새끼들이 굶주리지 않도록 어미 거북이 준비한 고영양 도시락이라고나 할까. 난황은 태어난 순간부터 자신의 힘으로 살아가야 하는 어린 바다거북을 위한 어미 거북의 최소한의 배려인 셈이다.

난황은 어미거북이 새끼들에게 남겨준 고영양 도시락이다.

06

알 수 없는 젊은 날

1954년, 아치 카는 갓 부화한 새끼들이 약 24시간 동안 쉬지 않고 헤엄치는 것을 관찰하고 이를 '광란의 헤엄'이라 불렀다. 어린 거북들은 물로 들어간 다음 쉬지 않고 헤엄쳐서 상당히 먼 바다까지 가는 게 분명했다. 파도 속으로 사라진 새끼들은 대략 어른 팔뚝 정도의 크기가 되어 연안으로 돌아오기 전까지, 어디서도 포착되거나 발견되지 않았다. 이 시기 거북들은 종적을 감춘 것처럼 행방이 묘연했다.

1970년대에 카는 이 문제를 본격적으로 연구하기 시작했다. 카리브 해의 붉은바다거북을 연구하던 중, 그는 과거에도 마주쳤던 바다거북 생활사의 의문스런 공백을 생각했다. 붉은바다거북은 해변에서 부화해 바다로 떠난 다음, 대략 한두 뼘 크기가 되어 해변으로 돌아올 때까지 어디에서도 관찰되지 않았다. 마치 어딘가로 증발한 것처럼 보일 정도였다.

카는 처음에 이 수수께끼 같은 기간을 1년 정도로 추정했다. 그는 이 시기를 로스트 이어(Lost year)라 불렀다. 나중에 그는 이 기간이 (1년이 아니라) 수십 년이 될 수도 있다는 것과 이 시기의 비밀이 바다거북 생활사 연구에서 가장 중요한 주제 중 하나라는 것을 깨달았다. 이것이 그 유명한 '로스트 이어즈(Lost years)'였다. 이 문제는 그 뒤로 수많은 바다거북 연구자들을 매혹시킬 주제 중 하나가 되었다. 어린 거북들은 생애 초기의 몇 년을 어디에서 지내는 것일까?

로스트 이어즈의 존재를 분명히 인식한 카는 이 문제를 풀기 위해 카리브 해의 어부들과 바다거북 사냥꾼을 찾아 다니며 광범위한 인터뷰를 진행했다. 카리브 해의 어부들은 오래 전부터 바다거북이 먼 거리를 이동한다는 것과 이들이 자주 나타나는 장소와 산란지 등을 경험으로 알고 있었다. 인터뷰 자료를 바탕으로 카는 어린 바다거북이 생애 최초의 몇 년을 먼바다의 해조류 숲에서 보낸다고 추정했다.

1970년대, 그는 미국 스크립 해양연구소의 연구선 알파 헬릭스(Alpha Helix)에 탑승해 카리브 해의 해조류 군락을 둘러보고, 이 가설이 옳다는 것을 확인했다. 카리브 해를 떠다니는 모자반 숲에 어린 붉은바다거북들이 있었다. 이 사실은 그 뒤 여러 학자들의 연구에서도 확인되었다. 어린 바다거북의 위 내용물을 조사한 결과 모자반 및 모자반 숲에 사는 생물들이 발견되었던 것이다. 적어도 멕시코 만과 카리브 해의 바다거북들은 생애 초기 몇 년을 갈조류인 모자반 숲에서 지내는 게 분명했다.

카는 어린 거북들이 해류 시스템을 따라 떠다니는 해조류 군락 위에서 생활한다고 추측했다. 그러나 모자반 숲이 지구의 모든 바다에서 관찰되는 것은 아니다. 또 파도가 심하거나 폭풍이 치면 흩어져 버리기도 한다. 그 뒤 조금 더 정확한 사실이 밝혀졌다. 카리브 해의 어린 거북들은 성질이 다른 바닷물이 만나 용승 및 침강을 일으키는 수렴대 근처에서 서식했다. 수렴대는 연안이 아닌 먼바다에서도 상대적으로 영양분이 풍부한 곳이다. 카가 처음에 바다거북의 서식지로 지목했던 해조류 군락 역시 단순히 해류를 따라 떠다니는 것이 아니라, 성질이 다른 바닷물이 교차하는 수렴대와 확산대 위를 떠다니는 것이었다.

우여곡절 끝에 먼바다로 헤엄쳐 나온 새끼들은 짧게는 5~10년, 길게는 수십 년 이상 먼바다에 머무른다. 머무르는 장소는 알려졌지만 실제로 이들이 어떻게 생활하는지는 지금도 밝혀진 것이 없다. 최신 전자 기기를 사용해도 현재 1년 이상 바다거북을 모

바다거북의 미성체 시기는 생존과 직결된 은밀한 시기이다.

니터링 하는 것이 거의 불가능하다. 확실한 것은 이 거북들이 몇 년, 때로 몇십 년 동안 비교적 육지에서 멀리 떨어진 바다에서 살아남아야 한다는 점이다.

이 시기 바다거북의 행방을 추적하기 어려웠던 데는 크게 두 가지 이유가 있다. 첫 번째는 일반적인 이유로, 육상동물인 인간에게 해양 생물의 생활사 추적이 원래 어렵다는 점이다. 바다거북은 헤엄 능력이 뛰어난 해양 생물 중 하나이다. 이주 거리 역시 수천 킬로미터, 때로 일만 킬로미터 이상에 달한다. 바다는 인간이 위성을 쏘아 올리는 21세기에도 여전히 가장 접근하기 힘들고 덜 연구된 영역으로 남아 있다. 그래서 이동 능력이 뛰어난 해양 생물을 추적하는 일은 원래 쉽지 않다. 첨단 전자 장비, GPS, 위성 추적 장치가 개발된 지금도 바다거북 연구는 쉽지 않은 것이다.

해양 생물의 생활사를 추적하는 것은 원래 쉽지 않다.

더 중요한 두 번째 이유는 좀 더 구체적인 것이다. 이것은 바다거북의 생애 주기 및 번식 전략과 관계가 있다. 바다거북을 포함해 거북의 생애 초기 생존율은 놀랄 만큼 낮다. 어린 거북은 수많은 천적에 둘러싸여 있다. 평생 어미 거북은 수만 개의 알을 낳지만 성체가 되는 새끼들은 아주 적다. 대략 1,000개의 알 중에서 한두 마리만이 무사히 성체가 되는 것으로 추정된다. 거북은 생애 초기의 이런 손실을 생애 후기에 메울 수 있도록 진화했다.

바다거북의 생존율 모델에 따르면 어린 바다거북의 90% 이상은 5년 안에 죽는다. 하지만 한번 성체가 되면 자연 상태에서 거북을 해칠 수 있는 천적은 거의 없다. 게다가 거북은 나이가 들어도 생식 능력이 감퇴하지 않는다. 20년 된 거북이나 60년 된 거북이나 비슷한 개수의 알을 낳는다. (그래서 학자들은 노화와 정력의 비밀을 밝히려고 거북을 연구하고 있다.) 이런 방식으로 거북은 생애 초기의 낮은 생존율을 생애 후기의 왕성한 번식으로 보상할 수 있다.

바다거북은 천천히 성장하고 상대적으로 긴 시간이 지나야 짝짓기를 할 수 있는 성체가 된다. 그 사이에는 많은 위험이 도사리고 있고, 그 과정에서 대부분의 거북은 살아남지 못한다. 한 마리의 새끼 거북이 성체가 되려면 아주 특별한 행운이 필요하다.

그래서 위험에 둘러싸인 미성체 시기에 새끼들이 선택할 수 있는 최선의 방법은 최대한 외부에 노출되지 않는 것, 즉 천적의 눈에 띄지 않는 것이다. 대양은 연안에 비해 영양분이 부족하고 생물량도 적다. 그래서 천적의 밀도도 낮다. 인간의 역사에서도 생존을 위해 사막으로 도망쳤던 사람들이 있듯이 어린 거북 역시 육지와 떨어진 바다에서 성체가 될 때까지 숨어서 지낸다. 바다거북의 초기 생활사, 로스트 이어즈를 밝히기 힘들었던 두 번째 이유가 여기에 있다. 바다거북의 미성체 단계는 생존과 직결된 은밀한 시기인 것이다. 이 시기에 어린 거북들은 최대한 종적을 감추고 은신한다.

바다거북의 생활사
갓 부화한 바다거북은 해변을 떠나 먼바다로 헤엄쳐 간다. 미성체 거북들은 짧게는 5~10년, 길게는 수십 년 이상을 먼바다에서 보낸다. 수십 년 후 성체가 된 거북들은 짝짓기와 산란을 위해 다시 태어난 해변 근처로 돌아온다. 이들은 종종 수천 킬로미터를 헤엄쳐 돌아온다.

바다거북의 행방을 찾아라 – 여러 추적 장치들

실제 바다거북의 이동 경로나 생활사는 어떻게 추적할 수 있을까? 가장 초기에는 꼬리표tag를 이용했다. 바다거북의 앞발이나 겨드랑이, 등껍질에 간단한 정보를 적은 꼬리표를 부착하고 나중에 회수하는 것이다. 이 방법은 간단하고 저렴할 뿐 아니라 많은 개체를 조사할 수 있다는 장점이 있다. 반면 출발지와 도착지만 확인할 수 있어서 구체적인 이주 경로, 수심, 기간 등을 확인할 수 없고 꼬리표를 회수하는 데 시간이 걸린다는 단점이 있다. 또 꼬리표가 항상 회수된다는 보장도 없다.

바다거북의 초기 연구자였던 카 역시 이 방법을 사용했다. 그는 1957년부터 정부 및 연구 기관의 지원을 받아 플로리다 해안 및 카리브 해에 서식하는 바다거북에게 대대적으로 꼬리표를 부착했다. 카의 연구팀은 플로리다와 코스타리카 해안의 바다거북에게 수천 개의 꼬리표를 붙였다. 꼬리표에는 발견한 사람이 답신을 보내 주면 5달러의 사례비를 지불한다는 내용을 적었다. 그 뒤 멕시코 만의 여러 지역에서 꼬리표를 발견했다는 편지가 도착했다. 이 초기 연구에서 실제로 바다거북이 수백, 수천 킬로미터를 이주한다는 사실이 확인되었다.

또 바다거북 연구 초기에는 헬륨 풍선이나 스티로폼을 사용하기도 했다. 산란을 하고 돌아가는 거북에게 헬륨 풍선을 맨 다음, 거북이 바다로 들어가면 보트를 타고 이들을 쫓아갔다. 말만 들어도 효과가 없을 것 같은 이 방법은, 실제로도 효과가 없었다. 풍선을 매단 실은 자주 끊어지거나 사라졌다. 이 역시 카와 그의 연구팀이 시도했던 것으로 카는 이 방법이 '실망스럽고 거의 쓸모없는 수준'이라고 말했다. 평생 마주칠 일이 없을 것 같은 풍선과 바다거북의 조합이라니. 풍선을 달고 바다를 헤엄치면서 거북들은 무슨 생각을 했을까?

한때는 바다거북에게 헬륨 풍선을 매달고, 거북이 바다로 들어가면 보트를 타고 이들을 쫓아가기도 했다. 이 방법은 효과가 거의 없는 것으로 밝혀졌다.

현재는 바다거북 추적에 다양한 전자 장비를 사용하는데 대부분 바다거북의 등에 부착한다. 장비는 거북의 헤엄을 방해하지 않도록 최대한 가볍고 유체저항이 작아야 한다. 장비를 거북에게 부착할 때는 끈으로 등딱지에 매거나, 에폭시 등의 강력 접착제로 등딱지 앞쪽이나 끝에 붙여 준다.

부착하는 기기의 종류로는 전파 신호를 육상으로 쏘아 보내는 라디오 송수신기, 인공위성으로 거북의 위치를 포착하는 위성 추적 장치 등이 있다. 이런 첨단 장비는 과거에는 알 수 없었던 바다거북의 구체적인 이주 경로, 이동 수심, 특정 위치에서의 거주 시간 등을 실시간으로 알려 준다.

오늘날에는 바다거북의 행방을 추적하기 위해 라디오 수신기, 위성 추적 장치 등 다양한 전자 장비를 사용한다. 이 장비들은 최대한 거북의 헤엄을 방해하지 않도록 가볍고 유체역학적으로 설계된다. 대부분 등에 부착한다.

하지만 여기에도 몇 가지 한계는 있다. 바닷물의 염도, 수압 등을 견디면서 육상으로 정보를 보내는 장비들은 대부분 비싸다. 그래서 꼬리표처럼 수백, 수천 개를 한꺼번에 사용할 수 없다. 또 바다거북의 헤엄을 방해하지 않으려면 장비 무게가 최대한 가벼워야 한다. 문제는 이때 장비의 배터리 용량도 제한된다는 것이다. 바다거북 추적에 사용하는 전자 장비의 수명은 대략 6개월 정도이고, 1년 이상 사용할 수 있는 것은 아주 드물다. 그래서 일정 기간이 지나면 더 이상 정보가 오지 않는다. 수십 년에 걸친 바다거북의 생활사를 관찰하기에는 아직 부족한 점이 많다. 따라서 앞으로의 과제는 최대한 거북을 방해하지 않으면서, 최대한 오래 작동시킬 수 있는 장비를 개발하는 것이다.

위성 추적 장치 등의 첨단 장비는 대부분 가격이 비싸고 수명도 길지 않다. 더 가벼우면서 오래 쓸 수 있는 장비를 개발하는 것이 현재의 과제이다.

지구자기장 이야기

자기장이란 자성을 가진 물체 주위에 형성되는 자력의 범위를 말한다. 자석 주변에 쇳가루를 뿌리면 쇳가루가 일정한 고리 형태로 배열된다. 바로 자기장 때문이다. 지구 역시 자기력을 가진 거대한 자석이다. 나침반이 북쪽을 가리키는 것은 지구 역시 나침반의 N극을 자신 쪽으로 끌어당기는 자기력을 가지고 있기 때문이다. 지구자기장은 거대한 자석인 지구가 만들어 내는 자기장이다.

그러면 어떻게 지구는 자석이 될 수 있었을까? 어떻게 자기장을 형성할 수 있었을까? 여기에는 크게 두 가지 가설이 있다.

하나는 지구 안에 실제로 거대한 자석이 있다는 설명이다. 지구의 구조를 보면 지구 내부로 들어갈수록 철 성분을 포함한 암석이 많아진다. 또 지구의 핵은 다량의 철로 이루어져 있다. 그래서 지구 내부의 상당 부분이 실제로 자석이라는 설명이다. 하지만 이 가설은 결정적인 반박이 제시되어 지금은 폐기되었다.

우리에게도 잘 알려진 퀴리 부인의 남편, 피에르 퀴리는 일정 온도 이상이 되면 자석도 힘을 잃는다는 사실을 밝혀냈다. 섭씨 약 800도 이상의 온도에서 자석은 힘을 잃는데 이 온도를 퀴리온도라 한다. 그 이상의 온도에서는 자석이 어떤 쇠붙이도 끌어당길 수 없다. 그런데 지구 내부 온도는 섭씨 3,500도가 넘는다. 만약 지구가 커다란 자석이라 해도 지구 내부는 자석이 제대로 작동할 리가 없는 것이다.

다른 설명은 다이나모(dynamo) 가설이다. 이 가설의 기본 아이디어는 지구가 전류를 만드는 커다란 발전기와 비슷하다는 것이다. 유명한 물리법칙 중에 '플레밍의 오른손 법칙'이라는 것이 있다. 자기장과 전류의 관계를 나타낸 법칙으로 전기가 흐를 수 있는 물질(도체)을 자기장 내에서 특정한 방향으로 움직이거나 회전시키면, 도체의 움직임과 직각인 방향으로 전류가 발생한다는 것이다. 이것이 발전기의 원리이다. (최근에는 보기 힘들어졌지만 전에는 자가 발전하는 전등이 달린 자전거가 있었다. 바퀴 옆에 작은 발전기가 있고 이 발전기의 회전축을 앞바퀴에 접촉시키면 바퀴가 발전기의 회전축을 돌리면서 빛을 내는 방식이었다. 이 발전기가 바로 플레밍의 오른손 법칙을 이용한 것이었다.)

지구 내부에서 외핵은 철 성분이 많은 액체로 되어 있다. 이는 훌륭한 도체 역할을 하는데, 지구 자전 때문에 외핵은 빠른 속도로 회전하고 있다. 이때 외핵은 적도에 거의 평행하게 회전한다. 그래서 회전 방향과 직각인 남북극 부근으로 자기장의 극성이 만들어지는 것이다. 현재는 대부분 이 두 번째 가설을 지구자기장의 형성 원리로 인정하고 있다.

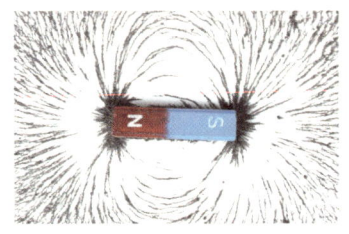 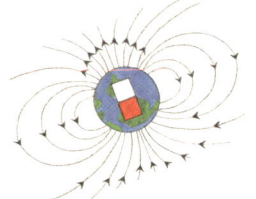

지구자기장
자기장이란 자성을 가진 물체 주위에 형성되는 자력의 범위를 말한다. 막대자석 주위에 철가루가 고리 모양으로 배열되는 것도 자기장 때문이다. 지구 역시 하나의 커다란 자석이다. 지구가 만들어 내는 자기장을 지구자기장이라 한다.

07

고향으로 가는 먼 길

지금으로부터 약 50년 전, 사람들은 바다거북이 산란을 하러 해변으로 와서 산란이 끝나면 다시 바다로 간다는 것을 알고 있었다. 그렇다면 바다거북이 산란을 하는 곳은 어디이고, 돌아가는 곳은 어디일까? 바다거북이 어딘가에서 온다면, 어떻게 오는 걸까? 50년 전만 해도 이 의문은 수수께끼로 남아 있었다. 이 두 질문은 바다거북 르네상스를 주도한 1세대 연구자들, 즉 카를 비롯한 다른 연구자들이 밝히려 했던 주제였다.

카리브 해의 어부들은 바다거북이 먼 거리를 이동한다는 사실을 알고 있었다. 카는 이들과의 인터뷰를 통해 바다거북 생활사에 대한 기본적인 가설을 세우고 이를 과학적으로 검증하는 작업에 착수했다. 그는 1950년대 후반부터 카리브 해의 바다거북을 중심으로 대대적인 꼬리표 부착을 실시했다. 특히 코스타리카의 토르투게로Tortuguero 해안에서 약 28,000개 정도의 꼬리표를 산란을 하러 돌아온 암컷들에게 부착했다.

연구팀은 이 프로젝트에서 실제로 바다거북이 수백, 수천 킬로미터를 이동한다는 사실을 확인했다. 코스타리카의 바다거북은 쿠바, 베네수엘라, 멕시코 만, 아이티 등 카리브 해의 여러 연안에서 온 것이었다. 하지만 바다거북이 먼 거리를 이동해 아무 해변으로나 가는 것은 아니었다. 토르투게로 해안에서 꼬리표를 달아 준 거북들은 산란을 위해 다시 그 해변을 찾아왔다. 1965년에 꼬리표를 달았던 3,438번 거북은, 17년 동안 정확히 스물 여섯 번 토르투게로 해안을 찾아왔다. 카는 이를 관찰하고 바다거북이 '산란지에 대한 충실성nesting fidelity'을 보인다고 표현했다. 그렇다면 바다거북이 반복해서 찾아오는 이 해변은 어떤 곳일까? 왜 이들은 이곳으로 돌아오는 걸까?

바다거북은 특정한 산란지로만 돌아온다.

카는 바다거북 역시 연어처럼 자신이 태어난 곳으로 돌아간다는 가설을 세웠다. 이는 그 후 꼬리표 프로젝트를 통해 부분적으로 검증된 사실이었다. 하지만 이 가설이 결정적으로 증명된 것은 1990년대의 유전자 분석 연구를 통해서이다.

1990년대, 미국의 한 연구팀은 브라질 동부 해안과 어센션 섬의 두 산란지에서 푸른바다거북의 유전 정보를 조사했다. 각 산란지에서 채취한 바다거북의 알, 체액, 피부 세포, 분비물 등에 포함된 핵 DNA와 미토콘드리아 DNA를 조사한 것이다. 그 결과, 바다거북은 거의 배타적으로 자신이 돌아가는 해변으로만 향한다는 것이 밝혀졌다. 즉, 바다거북은 자신이 태어난 해변으로만 돌아갔다. 결정적 증거는 미토콘드리아 DNA에서 발견되었다.

미토콘드리아는 세포 내의 소기관 중 하나로 세포 속에서 에너지를 합성하는 에너지 공장에 비유할 수 있다. 그런데 미토콘드리아는 세포의 핵 DNA와 다른, 독자적인 DNA를 가지고 있다. 이것이 미토콘드리아 DNA이다. 학자들은 미토콘드리아가 과거에 독립된 생명체(단세포)였는데, 다른 세포가 이들을 삼킨 다음 죽이지 않고 서서히 자신의 소기관으로 편입시켰을 것으로 추정한다. 식물 세포의 엽록체 역시 과거에는 독립된 생명체였지만, 원시 식물 세포가 이를 체내로 끌어들여 공존하게 된 것으로 추정된다. 이것이 세포 공생설이다. 어쨌든 여기서 중요한 점은, 미토콘드리아가 독자적인 DNA를 갖는다는 것과 이 DNA가 모계를 따라 유전된다는 것이다. 즉, 어머니 쪽 혈통이 같은 생물은 모두 같

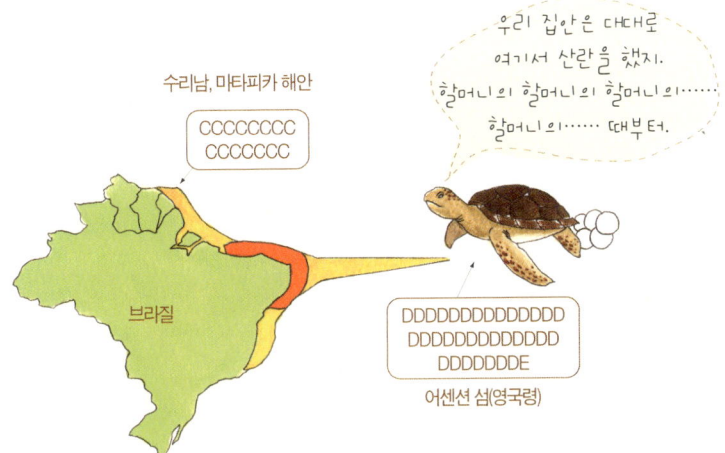

두 산란지에서 발견되는 푸른바다거북의 미토콘드리아 DNA

알파벳은 각 산란지에서 발견되는 푸른바다거북의 미토콘드리아 DNA 서열을 간단히 표시한 것이다. 브라질 북부 해변에서 발견되는 미토콘드리아 DNA 서열은 모두 C이다. 반면 어센션 섬은 하나만 제외하고 모두 D이다. 미토콘드리아 DNA는 모계로만 유전된다. 이 그림은 두 해변으로 돌아오는 푸른바다거북의 모계가 다르다는 것을 보여준다. 또 DNA 서열이 거의 한 종류(C나 D)라는 것은, 암컷들이 대대로 자신이 태어난 해변에서만 산란을 했다는 뜻이다. 이 사실은 바다거북의 귀소성을 결정적으로 지지하는 증거이다.

은 미토콘드리아 DNA를 갖는다.

만약 두 바다거북 산란지에서 발견되는 미토콘드리아 DNA가 다르다면, 이는 그곳으로 돌아왔던 암컷 거북들이 서로 다르다는 뜻이다. 또 특정 해변에서 발견되는 미토콘드리아 DNA가 같다면, 이는 그곳에서 산란했던 바다거북 전체가 동일한 모계를 갖는다는 뜻이다. 아래 그림은 두 바다거북 산란지의 미토콘드리아 DNA 서열을 보여 준다. 각각의 산란지는 놀랄 만큼 순수하게 동일한 미토콘드리아 DNA 서열을 보존하고 있다. 즉, 그곳에서 태어난 암컷들이 대대로 그곳에서 산란을 했기 때문에 수많은 세대가 지나도 하나의 모계만이 순수하게 유지될 수 있었던 것이다. 이는 바다거북이 태어난 해변으로 돌아올 뿐 아니라, 대대로 돌아온다는 사실을 분명히 보여 주는 것이다.

이 유전자 연구에서 다른 재미있는 사실도 확인되었다. 바다거북의 미토콘드리아 DNA는 어머니를 통해 유전되지만 핵 DNA는 아버지, 즉 수컷에게서 유입된다. 두 산란지의 알들을 조사한 결과, 동일한 산란굴에서도 두세 종류의 핵 DNA가 관찰되었다. 이 말은 같은 굴에 있는 알들도 그 아버지가 서로 다르다는 뜻이다. 짝짓기 연구에서도 다 자란 바다거북은 보통 여러 상대와 교미를 한다는 사실이 밝혀져 있다. 암컷 바다거북은 짝짓기 철이 되면 보통 4~5마리의 수컷과 교미를 한다. 그 뒤 암컷은 수컷에게서 받은 정자를 몸 속에 저장하고 있다가 2주 간격으로 한 번에 약 100개씩 4~5회 정도 알을 낳는다.

산란지를 소개해 주는 바다거북?

한편, 바다거북이 알을 낳는 해변이 그들이 태어난 곳이 아니라는 가설도 있었다. 1958년에 존 헨드릭슨 Hendrikson J.R 은 바다거북의 산란지 소개 가설 Social Facilitation hypothesis (사회적 협력 가설)을 제안했다. 이 가설은 처음 산란을 하는 암컷이, 여러 번 산란을 했던 경험 많은 암컷을 따라가 산란지를 '소개' 받는데, 이 '소개받은' 산란지가 그 젊은 암컷이 평생 알을 낳게 될 장소라는 것이다. 또 이런 식의 '소개'를 통해서 산란지에 대한 정보가 대대로 이어진다는 것이다.

명당 자리를 소개하듯 산란지를 소개해 준다는 이 가설은 지금은 폐기되었다. 현재는 바다거북이 귀소성을 가졌다는 점이 밝혀졌기 때문이다. 하지만 바다거북이 의사소통을 할 수 있을 거라는 기본 아이디어는 '아리바다'와 같은 집단 행동을 설명하는 데 약간의 실마리가 될지도 모른다.

바다거북 외에도 특정한 시기에 특정 장소에 집단으로 모이는 생물들이 있다. 투구게, 바닷가재, 상어 등 몇몇 해양 생물은 특정

산란지 소개 가설
바다거북이 산란지를 찾을 때, 경험이 많은 암컷이 젊은 암컷에게 산란지를 소개해 준다는 가설이다. 지금은 폐기된 가설이지만 '아리바다'와 같은 바다거북의 집단 행동을 설명할 때 약간의 힌트가 될지도 모른다.

시기, 특정 장소에 엄청난 무리를 이루어 모여든다. 이들이 왜 그런 행동을 보이는지는 정확히 밝혀지지 않았다. 바다거북의 아리바다 역시 아직 그 정확한 메커니즘이 밝혀져 있지 않다. 몇몇 연구자들은 바다거북 사이에 모종의 커뮤니케이션이 존재한다고 추측한다. 이 내용은 앞으로 더 연구되어야 할 과제이다. 만약 바다거북 역시 고래나 돌고래처럼 서로 의사소통을 할 수 있다면, 참으로 흥미진진한 이야기가 될 것이다.

바다거북의 길 찾기

1960년대, 꼬리표 프로젝트의 결과가 속속 수집되었다. 바다거북이 먼 거리를 이동한다는 것은 사실로 확인되었다. 그러자 다른 의문이 제기되었다. 바다거북은 어떻게 먼 거리를 이동할까? 어떻게 특정 해변으로 반복해서 돌아올 수 있을까? 이런 의문을 증폭시켰던 결정적인 사례는 브라질 동부, 대서양 한복판에 있는 어센션Ascension이라는 섬이었다.

어센션 섬은 대서양 한가운데 점처럼 찍힌 작은 화산섬이다. 이 섬은 브라질 동해안에서 2,000km 넘게 떨어져 있지만 폭이 10km도 되지 않는다. 하지만 이 섬을 찾아오는 바다거북들이 있었다. 이들은 어디서 오는 걸까? 남아메리카? 아니면 아프리카에서?

그 뒤 꼬리표 부착을 통해 그 거북들이 브라질 해안과 어센션 섬을 왕래한다는 사실이 밝혀졌다. 이들은 브라질 해안에서

2,000km 이상을 헤엄쳐 어센션 섬을 찾아오는 것이었다. 이 사례는 바다거북의 길 찾기 능력이 예사롭지 않다는 사실을 말해 준다.

바다거북에게도 무시할 수 없는 방향 감각이 있는 것이 분명했다. 이 사실을 확인한 연구자들은 먼 거리를 이동하는 다른 귀소성 생물의 사례를 검토했다. 처음에는 연어가 유력한 비교 모델이 되었다. 바다거북 역시 연어처럼 예민한 후각을 가진 것은 아닐까? 태어난 하천의 냄새를 기억해 그곳으로 돌아가는 연어처럼, 바다거북 역시 태어난 해변의 냄새를 기억하고 있는 것은 아닐까? 이것이 화학적 각인 가설chemical impriting hypothesis이었다.

어센션 섬 Ascension Island
어센션 섬은 남아메리카 동해안에서 약 2,200km 떨어진 화산섬이다. 브라질 해안에서 생활하던 바다거북들은 산란을 위해 이 작은 섬을 정확히 찾아왔다. 이는 바다거북의 길 찾기 능력이 예사롭지 않다는 것을 분명히 보여 주는 사례이다.

고향의 냄새와 기억

화학적 각인 가설은 바다거북의 길 찾기 연구 초기에 제안된 것이다. 이는 바다거북이 태어난 해변의 화학적 입자, 냄새, 성분 등을 본능적으로 기억하고 있다는 설명이다. 필름에 상이 찍히듯, 태어난 해변의 화학적 정보가 바다거북의 감각과 몸에 선명하게 각인되어 있다는 것이다. 그래서 긴 시간이 지난 뒤에도 이 입자들을 따라 고향으로 돌아갈 수 있다는 것이다. 조금 다른 이야기지만 사람 역시 어릴 적 냄새를 비교적 정확하게 기억해 낸다. 우리도 어릴 적 엄마의 냄새, 안방의 냄새, 장롱 안에 있던 옷들의 냄새를 정확히 기억하지 않는가?

하지만 이 가설은 실험적으로 증명하는 것이 어려웠다. 조건 실험에서 푸른바다거북이 바닷물 속의 화학 성분을 정확히 감지할 수 있다는 사실은 확인되었다. 하지만 거북들이 실제 바다에서 이 능력을 어떻게 활용하는지 알아내는 건 쉬운 일이 아니었다. 넓은 바다에서 특정 해변의 입자들은 어떻게 순환하고, 또 바다거북은 이를 어떻게 감지하는 것일까?

이 가설은 먼저 화학물질의 이동 메커니즘을 설명해야 한다. 바다거북이 태어난 해변의 입자들을 감지하려면, 그 성분이 때로 수천 킬로미터나 되는 먼 거리까지 흘러갔다는 사실을 설명해야 했다. 처음에는 이 입자들을 전달하는 수단으로 지구의 해류 시스템, 바람 등이 제시되었다. 하지만 나중에 새로운 증거들이 발견되면서 이 가설은 거의 설득력을 잃게 되었다.

다시 말해 바다거북은 먼 거리를 이주할 때 종종 직선 경로로 움직인다. 이들은 해류를 거슬러 헤엄치거나, 해류와 직각 방향으로 움직이기도 한다. 바다거북은 해류와 무관하게 이동하는 능력을 가지고 있다. 이는 바다거북이 해류나 냄새가 아닌, 다른 뭔가를 인지할 수 있다는 사실을 보여 준다. 바다거북은 종종 자신이 어디로 향하는지 알고 있는 것처럼, 뚜렷한 경로 이탈 없이 확고하게 움직인다.

내 머리 속의 내비게이션

그 뒤 조심스럽게 바다거북의 지구자기장 인식 가설magnetic map hypothesis이 제안되었다. 50년 전만 해도 몇몇 새들이 지구자기장을 통해 길을 찾는다는 사실이 알려져 있었다. 하지만 바다거북이 그런 능력을 가졌다고는 생각하지 않았다. 카조차 만약 바다거북이 그런 능력을 가졌다면 아주 놀라울 것이라고 했다. 과연 바다거북도 철새나 꿀벌처럼 지구자기장을 인식할 수 있을까? 그래서 해류나 바람과 무관하게 길을 찾는 것일까?

학자들은 지구자기장을 인식하는 동물들이 기초적인 '지도 감각map sense'을 가졌다고 추정한다. 이것은 특정한 위치를 2차원 좌표 위의 한 점으로 인식할 수 있는 능력이다. 이때 동물들은 우리가 사용하는 위도, 경도처럼 지구자기장의 세기와 각도를 사용한다. 지구의 모든 장소는 위도와 경도로 표현할 수 있다. 마찬가지로 지구의 모든 장소는 지구자기장의 세기와 각도로 표시할 수 있다. 우리가 세계지도에서 사용하는 위선과 경선(위도, 경도가 같은 지점을 이은 선)의 역할을 하는 것이, 지구자기장 지도에서는 등복각선isoclinics과 등자력선isodynamics이다. 이 두 가지 단위를 사용해 지구자기장 지도에서도 특정한 위치를 정확하게 표시할 수 있다.

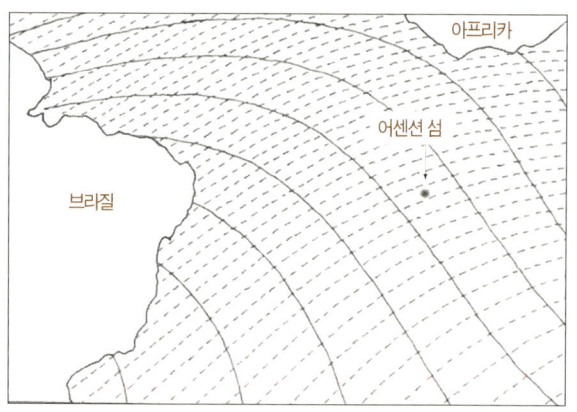

어센션 섬

어센션 섬은 남아메리카 동해안에서 약 2,200km 떨어진 화산섬이다. 브라질 해안에서 생활하던 바다거북들은 산란을 위해 이 작은 섬을 정확히 찾아왔다. 이는 바다거북의 길 찾기 능력이 예사롭지 않다는 것을 분명히 보여 주는 사례이다.

바다거북은 자기장 각도와 자기장 세기를 모두 감지할 수 있다. 다음의 실험은 바다거북이 지구의 특정 장소에서 자기장 각도와 세기를 정확하게 인식할 수 있음을 보여 준다.

먼저 미성체 단계의 푸른바다거북을 플로리다 반도의 중부

(test site)에서 포획했다. 이곳은 이들의 먹이 장소였다. 연구자들은 이 거북들을 서로 다른 자기장에 노출시켰다. 하나는 플로리다 북부 지역, 즉 별로 표시된 지점(상)의 지구자기장이었다. 다른 하나는 플로리다 남부, 별로 표시된 지점(하)의 지구자기장이었다. 지구의 모든 장소는 고유한 자기장 각도와 자기장 세기를 가지고 있다. 당연히 실험에서 선택한 세 장소의 자기장 각도와 세기는 모두 달랐다. 지도에서 서로 다른 세 지점의 위도와 경도가 모두 다른 것처럼 말이다.

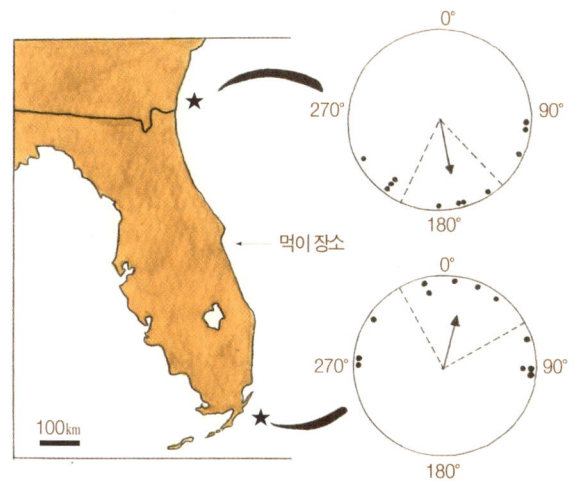

바다거북의 지구자기장 인식
서로 다른 지구자기장에 노출된 바다거북들은 원래 있던 곳으로 돌아가려고 서로 다른 방향으로 헤엄을 쳤다. 이는 바다거북이 특정 장소의 고유한 자기장 각도, 세기를 정확히 인식할 수 있음을 보여 준다.*

---

* K.J. Lohmann, P. Luschi, G.C. Hays, Goal navigation and island-finding in sea turtles, Journal of Experimental Marine Biology and Ecology 356, 2008

그 결과, 플로리다 북부 지역의 자기장을 쐰 바다거북은 남쪽으로, 플로리다 남부 지역의 자기장을 쐰 바다거북은 북쪽으로 헤엄치기 시작했다. 이 거북들은 사실 중앙 지점(test site)에 있었지만 연구자들이 다른 장소의 자기장을 쐬어 주자, 자신들이 각각 북쪽과 남쪽 지점(별 표시 지점)에 있다고 인식했던 것이다. 그래서 원래 위치(중앙 지점)로 돌아가려고 북쪽 지역의 자기장을 쐰 녀석은 남쪽으로, 남쪽 지역의 자기장을 쐰 녀석은 북쪽으로 헤엄친 것이다.

이 실험은 바다거북이 자신들의 먹이 장소(test site)의 자기장 각도, 세기를 정확히 인식하고 있고, 자기장 정보가 바뀌면 언제든 그 위치로 돌아갈 수 있다는 것을 보여 준다. 즉, 지구의 어떤 지점에서도 자신의 위치를 상대적으로 인식할 수 있다는 뜻이다. 다른 말로 표현하면, 기초적인 수준의 GPS를 몸 안에 달고 있는 것이다.

또 하나, 바다거북의 길 찾기와 지구자기장의 관계를 보여 주는 실험이 있다. 최근에 실시된 이 실험은 아프리카 동해안 마요트(Mayotte) 섬의 푸른바다거북을 대상으로 했다. 기본 형식은 장소 변경 실험으로, 특정 생물을 원래 있던 곳에서 다른 지점으로 옮겨 놓고 반응과 행동을 살피는 것이다. 다른 곳으로 옮겨진 생물은 대부분 처음에 있었던 장소로 돌아간다.

전체적인 실험 내용은 조금 짓궂다. 연구팀은 마요트 섬에서 푸른바다거북을 잡아 멀리 떨어진 바다에서 놓아주었다. (파란색 별

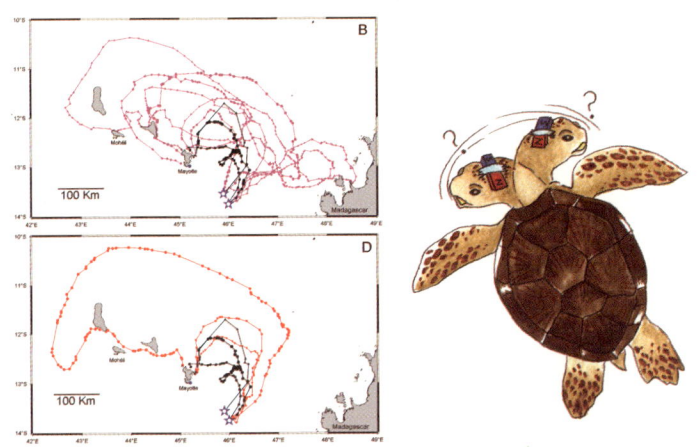

지구자기장과 바다거북의 길 찾기
머리의 자석은 바다거북의 지구자기장 인식을 교란하기 위한 것이었다. 자석이 달린 거북들은 원래 장소로 돌아올 때 훨씬 오래 걸렸고, 훨씬 많이 헤맸다.

지점이 거북을 놓아준 곳이다.) 한 무리의 거북은 머리에 자석을 달아 놓아주었고, 또 다른 무리의 거북은 그냥 놓아주었다. 이때 거북들에게 위성 추적 장치를 달아 실시간으로 이주 경로를 추적했다. 그 결과는 위 그림과 같다.

검은색 선은 자석을 달지 않은 거북들의 경로이다. 이들은 가장 빨리 원래 있던 섬으로 돌아왔다. 붉은색과 핑크색 경로는 자석이 달린 거북들이었다. 이들은 마요트 섬을 바로 찾아내지 못했고, 엉뚱한 곳을 헤매거나 훨씬 먼 길을 돌아왔다. 이 실험은 지구자기장이 바다거북의 길 찾기에 아주 중요한 역할을 한다는 것을 보여 준다.

하지만 지구자기장을 인식하지 못했던 거북도 원래 섬으로 돌아왔다. 이것은 바다거북이 전적으로 자기장에만 의존해 길을 찾지는 않는다는 뜻이었다. 다시 말해 바다거북은 지구자기장 외에 해류나 파도, 화학적 입자, 냄새 등과 같은 요소를 통해서도 길을 찾을 수 있는 것으로 보인다. 그러나 빠르고 정확하게 목적지를 찾는 데는 지구자기장이 결정적인 역할을 한다는 것이 분명했다.

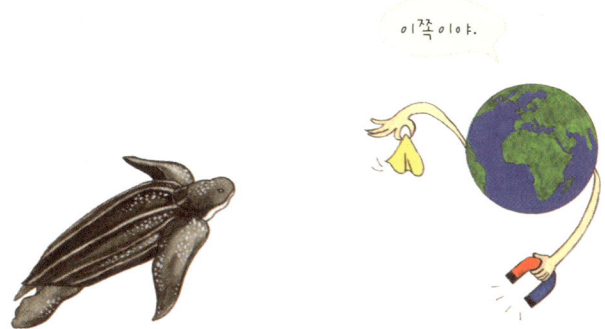

지구자기장으로 길을 찾는 생물들은 우리를 감탄시킨다. 사람에게는 이런 능력이 없기 때문이다.

짝짓기와 산란의 시간

지구자기장을 통해 바다거북은 태어난 해변으로 돌아간다. 바다거북이 이런 수고를 하는 것은 짝짓기와 산란 때문이다. 이들은 고향으로 돌아와 짝을 찾고 알을 낳는다.

바다거북을 포함해 거북은 일반적으로 평화로운 생물이다. 하지만 짝짓기를 할 때만은 아주 거칠다. 수컷-암컷의 관계뿐 아니라 수컷-수컷끼리도 거칠다. 짝짓기를 할 때는 보통 암컷 한 마리에 여러 마리의 수컷이 따라다닌다. 구애할 때 수컷은 암컷을 쫓아가거나, 암컷의 몸을 흔들고 앞발로 암컷의 등껍질을 건드린다. 때로 암컷의 목이나 앞발, 꼬리를 물어뜯기도 하는데 상처가 아무는 데 몇 주가 걸리기도 한다.

바다거북은 사람처럼 체내수정을 한다. 수컷이 암컷의 몸에 생식기를 넣고 정자를 흘려 보낸다. 구애에 성공한 수컷은 암컷의 등에 올라탄다. 둘이서만 오붓한 시간을 나눌 수 있다면 바랄 것이 없겠지만, 바다거북의 침실은 전혀 낭만적이지 않다. 주위에는 훼방꾼들이 우글거린다. 수컷들의 질투심은 아주 무서워서, 암컷을 차지한 수컷은 즉시 다른 수컷의 표적이 된다. 한 마리, 혹은 여러 마리가 짝짓기 중인 수컷을 공격한다. 앞발, 목, 꼬리 등을 물어뜯어 암컷의 등에서 떼내려고 하는데, 짝짓기 중인 수컷이 공격을 참지 못하고 암컷의 등에서 내려오면 짝짓기는 실패한다. 짝짓기를 무사히 마친 수컷이라도 목과 발에 상처를 입거나, 피를 흘리는 경우가 흔하다. 질투심에 찬 수컷들은 짝짓기 중인 수컷이 수면에서 숨을 쉬지 못하도록, 여럿이 달라붙어 내리누르기도 한다. 이 때문에 바다거북은 짝짓기를 하다 질식해서 죽기도(!) 한다. 문제는 짝짓기를 할 때 암컷이 수컷보다 아래쪽에 있어서, 다른 수컷들이 필사적으로 방해하면 등에 매달린 수컷보다 암컷이 목숨을 잃는 경우가 많다는 사실이다.

짝짓기가 끝나면 이제 아기 거북이 만들어질 차례이다. 사람의 경우를 잠깐 살펴보자. 아버지의 정자가 어머니의 난자와 만나면 수정란이라는 생명의 씨앗이 만들어진다. 이 씨앗이 어머니의 자궁에 착상해서 아기로 성장하게 되며, 아기는 엄마 뱃속에서 보통 10개월을 머문다.

바다거북은 알의 형태로 엄마 뱃속에서 약 2주 동안 머문다. 종마다 차이가 있어서 장수거북은 10일, 올리브바다거북이나 켐프바다거북은 28일 정도 머물지만 평균적으로 2주 정도가 걸린다. 바다거북은 보통 알을 낳기 한두 달 전에 짝짓기를 한다. 먼 곳에서 생활하던 바다거북은 짝짓기 철이 되면 태어난 해변의 앞바다로 돌아온다. 이때는 수컷도 돌아오고, 암컷도 돌아온다. 짝짓기 철이 끝나면 수컷은 다시 먼바다로 떠난다. 암컷은 해변 근처에서 2~3개월을 머무르면서, 한 번에 대략 100개씩, 평균 4~5회 정도 알을 낳는다. 산란이 끝나면 암컷 역시 다시 먹이를 찾던 곳으로 떠나간다.

사람이 평생 낳는 아기의 수는 손에 꼽을 정도이다. 현재 우리나라의 자녀 수는 가구당 한둘, 많아야 두세 명 정도이다. 반면 바다거북이 낳는 알은 사람과 비교도 안 될 만큼 많다. 바다거북은 평생 수천, 수만 개의 알을 낳는다. 사람의 경우 보통 이십대 후반에서 삼십대에 자녀를 낳지만, 바다거북은 생식 능력을 가진 스무 살, 혹은 서른 살 무렵부터 최소한 50년 이상 왕성하게 자식을 생산한다. 바다거북의 생식 능력은 나이가 들어도 감퇴하지 않는다. 60년 된 암컷 거북도 20년 된 암컷 거북만큼 많은 알을 낳을 수 있다.

바다거북의 산란 주기는 규칙적이지 않아서 매년 산란을 하지 않는다. 대략 2~3년에 한 번씩 알을 낳지만, 한번 산란을 한 다음 때로는 4~5년, 길게는 8~9년 뒤에 산란을 하기도 한다. 산란을 하는 해에는 보통 2~3개월 안에 집중적으로 알을 낳는다.

바다거북 암컷은 여러 마리의 수컷과 짝짓기를 한다. 그래서 하나의 굴에 있는 새끼들도 아버지가 다르다. 암컷 바다거북은 짝짓기 철에 평균 4~5마리의 수컷과 사랑을 나눈다. 이들은 수컷의 정자를 체내에 저장했다가 산란에 사용하는데, 산란기에 대부분 4~5회 정도 알을 낳는다. 한번 산란이 끝나면 암컷 바다거북은 가까운 연안에서 다시 알이 만들어질 때까지 대략 2주 정도를 기다린다. 알이 만들어지면 해변에서 산란하고, 다시 바다로 돌아와 또 2주 정도를 기다린다. 그렇게 4~5회의 산란을 마치면 먼 해안으로 떠나간다. 이런 식으로 몇 년 후에 다시 산란이 시작되는 것이다.

부화, 반복되는 이야기

새끼들은 어미 거북이 알을 낳은 다음 대략 2개월 뒤에 깨어난다. 조금 더운 곳에서는 일찍 깨어나고 추운 곳에서는 시간이 더 걸린다. 이때 모래굴의 온도가 새끼 거북의 성별을 결정한다. 이는 바다거북뿐 아니라, 악어, 도마뱀 등 파충류의 기본적인 성별 결정 방식이다. 바다거북의 경우 종마다 차이가 있지만, 조금 차

가운 곳에서 수컷이, 조금 따뜻한 곳에서 암컷이 만들어진다. 보통 성별을 나누는 기준 온도는 섭씨 28~30도 사이이다. 한 연구에 따르면 통계적으로 암컷과 수컷을 구분하는 평균 온도는 섭씨 28.74도인 것으로 나타났다. 이 온도를 기준으로 암컷과 수컷의 성별이 나뉘는 것이다. 물론 아주 높은 온도에서 수컷이 부화하거나, 그 반대의 경우도 관찰된 적이 있다. 하지만 일반적으로 낮은 온도에서 수컷, 높은 온도에서 암컷이 부화한다.

이런 현상이 일어나는 이유는 대부분의 파충류에게 성염색체가 없기 때문이다. 포유류인 사람의 경우 자식의 성별은 부모의 성염색체가 결정한다. 부모의 정자와 난자 안에 있는 성염색체(X, Y 염색체) 조합이 유전적으로 자녀의 성별을 결정하는 것이다. 하지만 바다거북은 성염색체가 없어서 새끼들의 성별이 온도에 맡겨진다.

이 때문에 최근의 지구 온난화가 바다거북을 비롯한 파충류의 성별 결정에 문제를 일으킬지 모른다는 우려도 제기되었다. 암컷 비율이 높아져 성비 불균형이 초래될지도 모른다는 것이다. 몇몇 학자들은 파충류가 더 서늘한 지역에서 산란을 하거나, 성별 결정 온도를 상향 조정하는 식으로 나름의 대처를 할 거라고 주장한다. 다른 학자들은 지구 온난화가 파충류의 성별 결정에 나쁜 영향을 미칠 거라고 추측한다. 더 지켜봐야겠지만 어쨌든 지구 온난화가 생물에 미치는 영향이 얼마나 광범위한지를 잘 보여주는 사례라고 할 수 있다.

이주 Migration - 먼 곳으로의 순수한 움직임

이주란 생물이 본래 있던 곳에서 다른 곳으로 이동하는 것을 말한다. 영국의 생물학자 휴 딩글Hugh Dingle은 그의 저서 『이주Migration』에서 여러 연구자들의 견해를 토대로 생물의 움직임을 크게 두 가지로 구분한다. 첫 번째는 일상적 행동권 안에서 일어나는 움직임으로, 보금자리나 먹이와 직접 관련이 있다. 두 번째는 일상적 행동권을 벗어나는 움직임으로, 보금자리나 먹이에 직접 반응하지 않는다.

첫 번째 움직임의 대표적인 예는 먹이 찾기foraging와 탐색ranging이다. 먹이 찾기는 먹이라는 분명한 목적을 가진 움직임이다. 가젤을 쫓는 치타나 쥐에게 접근하는 뱀의 움직임은 먹이 찾기에 속한다. 탐색은 때로 장거리 이동을 포함하지만, 무언가를 찾기 위한 목적이 있는 움직임이다. 다시 말해 적당한 보금자리나 먹이가 나타나면 탐색 중인 생물은 움직임을 멈출 것이다.

이주를 정의하는 중요한 기준은 먹이나 보금자리에 대한 반응이다. 이주 중인 생물은 먹이나 보금자리에 대한 욕구가 억제된다는 가설이 있다.

두 번째 움직임은 생물의 일상적 행동권home range을 벗어나는 움직임이다. 대표적 예가 분산dispersal과 이주migration이다. 분산은 이주와 구분되는 개념으로, 분산 중인 생물도 아주 먼 거리를 이동할 수 있다. 하지만 분산은 한 곳에 있던 생물이 여러 장소 또는 더 넓은 곳으로 '퍼져 나간다'는 성격이 강하다.

반면 이주는, 이주가 일어나고 있는 동안에는 어떤 자극에도 반응하지 않는, 다만 움직임 그 자체에만 몰두하는 특수한 움직임이다. 이주 중인 생물에게 단 하나의 목적이 있다면 그것은 이주를 끝내는 것이다. 이주의 목적은 움직임 그 자체에 가깝다고 저자는 말한다. 하지만 철새 같은 생물은 먹이와 보금자리를 위해 이주를 하는 게 아닐까?

휴 딩글은 이주를 보금자리와 먹이를 얻기 위한 움직임으로 정의하지 않는다. 먹이나 보금자리는 이주를 성공적으로 끝마쳤을 때 덤으로 주어지는 보상이라고 말한다. 즉, 이주란 먹이나 보금자리를 의도하지 않았지만 이주가 성공적으로 끝났을 경우, 더 큰 보상(먹이 및 보금자리)이 주어지는 특별한 움직임이라는 것이다.

휴 딩글이 말하는 이주의 정의는 약간 어렵다. 하지만 그 요지는 이주가 특정한 의도나 목적과 분리된 움직임이라는 것이다. 별 사심이 없었지만 금도끼를 받았던 「산신령과 금도끼」의 나무꾼처럼, 이주 중인 생물 역시 움직임에만 몰두하지만, 그 움직임을 끝마치면 더 큰 보상이 주어진다. 이때 중요한 것은 보상이 덤이지, 목적이 아니었다는 사실이다.

휴 딩글이 그의 책에서 소개하고 있는 이주에 대한 정의를 살펴보자. 이는 생물학자 케네디J.S. Kennedy의 정의로, 딩글은 이 정의가 이주를 '움직임'으로 정의했다는 측면을 높이 평가하고 있다.

이주란 특정 생물이 스스로의 운동 능력을 통해, 또는 주변의 흐름에 적극적으로 몸을 실음으로써 보여주는 지속적이고 확고한 움직임이다. 이주 중에는 일시적으로 먹이나 보금자리에 대한 반응이 억제된다. 그러나 이주가 완결되면 억제는 풀리고, 새로운 먹이와 보금자리가 주어진다.*

그 외에 다른 학자들의 연구(Kennedy, Southwood)를 토대로 휴 딩글은 다른 움직임과 구분되는 이주의 특징을 5가지 정도로 요약했다.

1. 일상적 행동권을 벗어나 쉬지 않고 움직인다.
2. 지속적으로 이동하며 방향을 틀거나 되돌아오지 않는다.
3. 먹이나 보금자리에 반응하지 않는다.
4. 떠날 때와 돌아올 때 보여주는 특징적 행동이 존재한다.
5. 몸의 에너지를 이동에만 집중적으로 사용한다.

---

* Hugh Dingle, *Migration*, p.25

08

안녕하지 못한 거북들

현재 세계의 바다거북은 멸종위기에 처해 있다. 사람이 태어나 죽는 것처럼 종 역시 태어났다 죽어간다. 누군가 죽는다는 것은 그 사람의 얼굴을 다시는 보지 못하게 되는 것을 말한다. 멸종 역시 이와 비슷하다. 멸종이란 한 생물을 지구 상에서 다시는 볼 수 없게 되는 것을 말한다.

생물이 태어났다 죽는 것처럼 종의 출현과 죽음도 자연스런 생명의 이치이다. 지구에서는, 상상할 수 없을 만큼 많은 종이 출현했다 사라졌다. 지금 우리가 보고 있는 생물 종은 지구에 살았던 전체 생물 종에 비하면 극소수에 불과하다. 추정에 따르면 지구에 존재했던 모든 생물의 99% 이상이 멸종하였다고 한다. 현재 지구에는 수백, 수천만 종의 생물이 살지만 지금까지 출현했던 생물 전체와 비교하면 지극히 미미한 숫자에 불과하다.

멸종이란 한 생물을 지구 상에서 다시는 볼 수 없게 되는 것을 말한다. 이는 하나의 생물 종이 그 모습으로 존재하기 위해 거쳐 온 모든 진화의 역사, 생존 전략, 독특함이 한꺼번에 소멸되는 것이다.

멸종이 자연스런 현상이라면 오늘날의 위기가 왜 문제가 되는 걸까? 이는 30억 년이 넘는 긴 생물의 역사에서, 아주 최근에 출현한 어떤 종과 관련이 있다. 이 종은 불과 몇천 년 사이에 다른 모든 생물 종의 잠재적 천적이 되었다. 이 종의 이름은 인간이다. 인간이 오늘날의 생물 종 위기에 깊숙이 개입해 있다는 증거들은 넘칠 만큼 많다. 어떤 학자들은 지구에서 일어난 다섯 번의 대멸종에 이어, 인간이 여섯 번째 대멸종을 일으키고 있다고 말한다. 이 의혹이 사실로 드러난다면 그건 정말 무서운 일이 될 것이다.

잘 비텼어, 바다거북

어떤 생물이 멸종위기에 처했다고 말할 때, 우리는 그 생물이 원래 연약했다고 생각할지도 모른다. 원래 생존력이 약해서 인간이 도와주지 않으면 살아남을 수 없었다는 식으로. 물론 다른 종에 비해 생존력이 약한 종이 있을 수 있다. 대표적인 예는 특정 지역에서만 서식할 수 있는 토착종(고유종)이다. 이런 종들은 그들의 제한된 서식 환경이 파괴되면 거의 살아남지 못한다. 19세기에 멸종했던 스텔라바다소나, 1950년대에 멸종한 카리브해몽크물범 같은 동물은 모두 외부의 충격에 취약했던 토착종이었다. 이들은 좁은 범위에서만 살 수 있었고, 그 서식지가 파괴되자 멸종했다.

바다거북은 조금 맥락이 다르다. 바다거북의 멸종위기를 말할 때 우리는 위에서 말한 스텔라바다소나 다른 토착종과 비교할 수 없다. 바다거북은 서식 범위가 전 세계 해역에 달한다. 종마다 차이는 있지만, 바다거북은 대부분 태평양, 대서양 같은 먼바다로 나가서 오랫동안 그곳에 머무른다. 또 장수거북 같은 종은 거의 일생을 대양에서 보낸다. 지난 수백 년간 그렇게 포획됐는데도 바다거북이 멸종하지 않은 것은 이들이 한 곳에 붙어 사는 생물이 아니었기 때문이다. 바다거북은 뛰어난 이주성 생물이다.

카의 말처럼 우리는 바다거북이 멸종위기에 처했다는 사실보다, 그들이 그토록 착취당했는데도 아직 멸종하지 않았다는 사실에 놀라야 한다. 다시 말해 바다거북은 '억센 놈들'이다. 우리는 이들이 여태까지 바다에서 사라지지 않은 것에 찬사를 보내야 할지도 모른다. 바다거북보다 덜 강한 생물이었다면 오래 전에 사라졌을 것이다.

거북은 2억 년 넘게 지구에서 살아남았다. 이 간단한 문장은 다음과 같은 뜻이다. 중생대의 습지 근처에서 티라노사우루스가 물을 마실 때, 거대한 케찰코아틀루스Quetzalcoatlus가 날개를 펴 활강하고, 원시 수장룡 플레시오사우루스Plesiosaurus가 바다에서 헤엄치고, 우리에게 잘 알려진 시조새가 서투르게 날개를 퍼덕일 때, 거북은 그 곁에 있었다. 키가 2m가 넘는 거대한 육식 조류가 남미를 돌아다니고, 말의 조상인 에오히푸스Eohippus가 초원에서 풀을 뜯고, 코끼리의 먼 친척인 마스토돈Mastodon이 평원을 가로지를 때도

거북은 한때 이 모든 생물들과 공존했다.

거북은 거기 있었다. 공룡이 멸종하고, 괴상한 엄니를 가진 검치호랑이가 화석이 되고, 인류의 조상 중 하나인 네안데르탈인이 유럽에서 사라져 갈 때도 거북은 지구에 있었다. 거북이 이들을 지켜보지 않았다 해도, 적어도 그 자연사의 현장에 있었다. 거북은 수십, 수백만 년이라는 지구의 시간을 이들과 공유했던 것이다.

1960년대, 아치 카가 바다거북의 멸종 가능성을 경고한 이래, 지금은 세계적인 보호 운동이 전개되어 그 개체수가 꾸준히 회복되고 있다. 현재 더 큰 위험에 처한 것은 바다거북이 아니라 세계 각국의 민물거북과 육지거북이다. 특히 엄청난 숫자가 식용으로 팔려 나가는 동남아의 민물거북, 등딱지 때문에 포획되는 아프리카의 육지거북 등이 위험한 상황에 처해 있다. 이들은 바다거북처럼 서식 범위가 넓지 못하고, 상대적으로 보호 운동의 관심 밖에 있어 상황은 더 심각하다. 이 장에서는 바다거북을 중심으로 거북의 위기를 간단히 살펴보자.

거북은 세계적인 거래 상품

인간은 직접적, 간접적 방법으로 거북의 생태를 위협한다. 직접적 방법은 거북을 이용할 목적으로 거북을 잡는 것을 말한다. 고기나 알, 등껍질을 얻기 위해 거북을 포획하는 것이 여기에 해당한다. 간접적 방법은 거북을 잡거나 죽일 의도는 없었지만, 인간 활동의 부산물 자체가 거북을 죽이거나 피해를 주는 것을 말한다.

해양 쓰레기, 연안 개발 등으로 목숨을 잃거나 산란지가 파괴되는 경우가 후자에 속한다. 두 경우 모두 거북의 생태를 크게 위협하고 있다.

자연 상태에서 다 자란 거북의 천적은 아주 드물다. 바다거북의 경우 백상어나 범고래, 육지거북의 경우 악어나 재규어 등 몇몇 최상위 포식자만이 다 자란 거북을 공격한다. 자연 상태에서 거북은 약한 생물이 아니다. 거북의 등껍질은 생물계 전체를 통틀어 가장 훌륭한 방어기관 중 하나이다. 그러면 세계의 여러 거북들이 위험에 처한 이유는 뭘까? 바로 인간 때문이다. 거북이 인간이 거래하는 세계적인 상품이기 때문이다.

사람이 거북을 잡는 것은 일단 거북이 맛있기 때문이다. 바다거북을 비롯한 거북 고기는 아구처럼 쫄깃하고 맛있는 것으로 알려져 있다. 북미, 남미, 유럽, 중국 등에서 거북은 인기 있는 메뉴이다. 사람들은 거북을 찜, 수프, 탕으로 조리해 먹는다. 또 바다거북의 알은 달걀과 구성 성분이 비슷하다. 그 외에 거북 고기에 의료적 효능이 있다는 통설도 거북 포획을 부추긴다. 거북 고기가 남성의 성기능을 향상시킨다든지, 바다거북에서 추출한 기름이 여자의 피부를 아름답게 한다는 소문이 그 예이다.

또한, 거북은 16세기 무렵부터 새로운 땅을 찾으려던 유럽 탐험대와 선원들의 중요한 식량이기도 했다.* 한 예로 16세기, 프랑

---

* Craig B. Stanford, *The last Tortoise*, p.112

스의 종교 탄압을 피하려고 새로운 땅을 찾던 프랑스 선단은 아프리카 세이셸 군도에서 몸집이 큰 육지거북을 대량으로 발견했다. 이들은 갈라파고스육지거북과 함께 지구에서 가장 몸집이 큰 알다브라육지거북이었다. ('자이언트'라는 명칭이 붙은 육지거북은 지구에 이 두 종류뿐이다.) 선원들은 곧 그 거북이 훌륭한 음식이라는 것을 깨달았다. 알다브라육지거북은 조용한 데다, 어둡고 습한 범선 위에서 아무것도 먹지 않고 몇 달을 버틸 수 있었다. 선원들은 섬을 떠날 때 이 '걸어 다니는 스테이크'를 대량으로 배에 싣고 떠났다.

지구 반대편의 갈라파고스 군도에서도 상황은 비슷했다. 17세기부터 이곳을 방문한 유럽의 선원, 군인, 포경업자들은 대량으로 갈라파고스육지거북을 포획했다. 갈라파고스 군도에는 커다란 거북들이 많다는 소문이 빠르게 퍼져 나갔다. 그 소식을 들은 찰스 다윈이 18세기에 군도를 방문했을 때만 해도 상황이 달라져 있었다. 다윈이 갔을 때는 더 이상 '어딜 가나' 거북이 득실대는 상황은 아니었다. 다윈은 조금 실망했다고 알려져 있다. 그래도 다윈은 그곳에서 세 마리의 거북을 잡아갔는데, 후일 그 거북은 '찰스 다윈의 거북'으로 명명되었다. 현재 이 거북들은 180살이 넘었다는 둥, 20세기 후반에도 살아 있다는 둥 여러 전설의 주인공이 되어 있다.

갈라파고스육지거북은 200년 이상 착취되면서 여러 아종이 멸종했다. 현재 갈라파고스육지거북은 분류에 따라 8~10종류의 아

'걸어다니는 스테이크', 알다브라거북
이 커다란 육지거북은 과거에 탐험가와 선원들의 주요 식량 중 하나였다. 거북은 생존력이 강하고 조용한 동물이라 범선에 대량으로 실어 놓고 그때그때 잡아먹을 수 있었다. 이 거북들은 '걸어다니는 스테이크'로 불렸다.

종이 남아 있다. 그중 한 아종은 안타깝게도 한 마리의 수컷만이 남아 있다. 이 유명한 갈라파고스육지거북의 이름은 '외로운 조지 Lonesome George'이다. 학자들은 30년 이상 이 외로운 수컷을 가까운 아종의 암컷과 교미시키려고 노력했다. 하지만 '외로운 조지'가 만든 알들은 끝내 부화하지 못했다. '외로운 조지'는 자신이 속한 가문의 마지막 생존자로, 그가 죽으면 갈라파고스육지거북의 한 아종(C. n. abingdonii)은 멸종될 것이다. 지금의 상황으로 볼 때 '외로운 조지'가 속한 아종이 복원될 가망은 거의 없어 보인다.*

고기나 알 외에도 등껍질 역시 훌륭한 상품이다. 바다거북 중에서는 매부리거북의 등껍질이 유명하고, 육지거북의 등껍질은 아름답기로 정평이 나 있다. 분절도 선명하고 색깔과 문양도 훨씬 다양하다. 거북 등껍질은 다양한 공예품, 장식품으로 가공되고 골동품이나 박제로 수집된다. 특히 동남아와 아프리카의 몇몇 육지거북은 보석처럼 아름다운 등껍질을 가지고 있다. 이 거북들은 불

---

* 책의 초고를 출판사에 넘긴 다음 마무리 편집을 기다리던 중에, 2012년 6월 24일, 결국 외로운 조지는 숨을 거두었다 한다. 이로써 갈라파고스육지거북의 한 아종은 영영 사라졌다.

법 포획 때문에 대부분 멸종위기에 처해 있다.

또 북미에서는 바다거북 기름을 껌, 연고, 스프레이, 치약, 샴푸, 크림, 로션, 영양식품, 젤리, 과자 등 다양한 곳에 사용한다. 역사적으로 바다거북을 오랫동안 이용했던 문화 때문에, 마치 식물성 기름처럼 깨끗하고 몸에 좋다는 인식이 강한 것 같다.

거북은 조용하고 인간에게 해를 주지 않아 애완동물로도 인기가 좋다. 현재 우리나라에서도 거북을 애완동물로 기르는 사람들이 늘어나는 추세이다. 하지만 애완 산업 역시 거북의 생태를 위협할 수 있다. 몇몇 인기 있는 종이 집중적으로 사육되는 것도 문제이지만, 거북을 키우는 이들은 대부분 거북이 어느 정도 자라면 관리가 어려워 하천 등에 방류해 버린다. 이는 생태계에 잠재적인 위협이 될 수 있다. 우리나라의 붉은귀거북도 외국에서 도입되었지만, 지금은 우리나라 민물을 거의 점령하고 있다. 반면 남생이나 자라 같은 우리의 고유종은 점점 자취를 감추고 있다. 가까운 일본에서도 애완동물로 키워졌던 악어거북이 대량 방류되어, 하천 생태계에 여러 문제를 일으켰던 사례가 있다.

거북은 세계적으로 인기 있는 음식이다.

그 밖에 거북 중에서도 유독 희귀종에 열광하는 수집가들이 있다. 특히 유럽, 미국 같은 선진국의 수집가들한테서 자주 발견되는 듯한데, 희귀한 종을 갖는다는 만족감 때문에 멸종위기종, 희귀종 등으로 지정된 거북에 유독 눈독을 들이는 것이다. 엄청나게 먹어 대서 양적으로 거북을 감소시키는 것도 문제이지만, 질적으로 몇몇 희귀종의 씨를 말리는 것도 나쁘긴 마찬가지이다.

무심코 죽어 가는 거북이

사람이 거북에게 끼치는 간접적 피해도 만만치 않다. 이것은 그럴 의도는 없었는데 결과적으로 거북의 생존에 피해를 주게 된다. 직접적 피해만큼 위험할 수 있고, 어쩌면 그보다 더 위험할 수 있다. 개체 하나하나를 잡는 것이 아니라 서식환경 전체에 피해를 주기 때문이다. 여기서는 바다거북의 경우를 살펴보자.

바다거북의 경우 해양 오염과 연안 개발, 부수 어획 등이 이들의 생태를 간접적으로 위협한다. 해양 오염을 살펴보면 바다 위를 떠다니는 해양 쓰레기, 기름 유출, 수질 오염 등이 바다거북에게 큰 피해를 준다. 죽은 채로 해변에 밀려온 바다거북의 위에서는 플라스틱 쓰레기나 비닐봉지가 자주 발견된다. 특히 비닐봉지는 장수거북이나 푸른바다거북이 즐겨 먹는 해파리와 비슷하다. 비닐봉지는 식도에 걸려 바다거북을 질식시키고, 위에 유입되면 소화를 방해한다. 두 경우 모두 바다거북을 죽게 한다.

바다거북의 목숨을 앗아가는 또 하나의 악질적인 쓰레기는 버려진 그물이다. 폐그물은 과거에 어선, 상선 등에서 사용한 뒤 바다에 버린 것들이다. 폐그물은 말 그대로 유령처럼 바닷속을 떠돌면서 각종 생물의 목숨을 앗아간다. 물고기, 고래, 거북 등 다양한 생물이 버려진 그물 때문에 목숨을 잃는다. 특히 바다거북은 등껍질 때문에 몸통을 유연하게 움직일 수 없다. 그래서 목이나 발 중 한 부분만 걸려도 쉽게 목숨을 잃고 만다.

그 외에 기름 유출이나 수질 오염 역시 바다거북의 생태를 위협한다. 기름 유출 사고가 있었던 해안에서 바다거북이 떼죽음을 당한 사례가 있고, 연안 오염이 심각했던 멕시코 만에서는 바다거북의 산란지가 파괴되고, 새끼들의 부화율, 생존율이 크게 감소하기도 했다.

연안 개발 역시 바다거북의 생태에 큰 피해를 준다. 해안 매립, 제방 건설, 해양 구조물 건설, 모래 채취, 해안 소실 등 해안선을 변화시키거나 연안 환경을 바꿔 놓는 모든 공사가 연안 개발에 포함되는데 바다거북의 산란지 자체를 부분적으로 또는 통째로 파괴한다. 문제는 바다거북이 자신이 태어난 해변으로만 돌아온다는 것이다.

과거 연안 오염이 심했던 멕시코 만에서는 '바다거북 산란지 이전 프로젝트'가 실시되기도 했다. 이는 바다거북의 산란지를 다른 해변으로 옮기는 것이다. 현재도 대규모 연안 개발이나 다른 위험이 있을 때는 바다거북의 산란지를 옮긴다. 그러나 산란지를 옮길 경우 알들의 부화율이나 생존율이 전체적으로 낮아진다는 연구 결과가 있다. '산란지 이전'은 어쩔 수 없는 차선책이지만, 제일 좋은 방법은 연안 파괴를 최대한 줄여, 자연 그대로의 산란지를 보존하는 일일 것이다.

마지막으로 어업 활동 역시 바다거북에게 피해를 준다. 어업 활동을 할 때 의도하지 않았던 생물이 함께 잡히는 것을 부수어획 또는 혼획bycatch이라 한다. 예를 들어, 참치를 잡는 그물에 개복치나 거북이 잡혔다면 이들이 부수어획물에 속한다. 이렇게 잡힌 생물은 대부분 목숨을 잃는데 그물을 끌어올리는 과정에서 엄청난 하중을 받아 신체가 짓눌리거나 뒤틀리기 때문이다. 게다가 몇몇 유용한 생물을 제외하고 어부들은 대개 부수적으로 잡힌 생물을 바다에 버린다. 부수 어획된 생물은 애꿎은 목숨만 잃는 것이다.

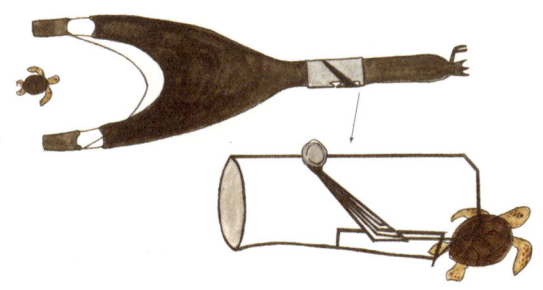

바다거북 탈출 그물
일반 저인망 그물을 개량한 것으로 몸집이 큰 생물은 탈출이 가능하다. 그림의 사선 부분은 창살이나 격자 형태로 되어 있어, 물고기는 빠져나갈 수 있지만 몸집이 큰 생물은 통과할 수 없다. 물고기는 그물의 오른쪽 끝에 잡히고, 바다거북은 아래로 빠져나간다.

바다거북의 부수 어획을 막기 위해 1980년대, 미국에서는 저인망 그물을 개조해 바다거북 탈출 그물 TED: Turtle Excluder Device 을 개발했다. 이 그물은 부수적으로 잡히는 바다거북을 50~70% 가량 줄이는 것으로 알려져 있다. 현재 각국에서 바다거북 탈출 그물의 사용을 장려하고 있지만, 광범위하게 사용되지는 않고 있다.

오늘날의 거북 포획이 왜 위험할까

거북은 느림보 생물이다. 움직임도 느리지만, 성장도 느리다. 그래서 한 마리가 성체가 되는 데 아주 긴 시간이 필요하다. 바다거북이 짝짓기를 할 수 있는 성체가 되려면 짧게는 15년, 길게는 40년 이상이 걸린다. 몸집이 작은 민물거북이나 육지거북은 그보다 조금 적은 시간이 걸린다.

거북은 느리게 크지만 일단 살아남으면 거의 천적 없이 긴 일생을 보낼 수 있다. 앞에서 말했듯이 부화한 1,000마리의 바다거북 중 어른으로 성장하는 개체는 한두 마리에 불과하다. 거북은 어린 시절의 낮은 생존율을 긴 일생과 지치지 않는 생식력으로 보상하는 동물이다. 오늘날 거북이 위험에 처한 것은 사람들이 이런 거북의 기본적인 생활사를 무너뜨리고 있기 때문이다. 사람이 포획하고 있는 거북들은 거북의 입장에서는 '운 좋게' 살아남은 극소수의 '생존자'이다. 이들은 후손을 남길 중요한 의무를 지닌 개체들이다. 그런데 사람의 저녁 식탁에서 사람의 배로 들어가고 있는 것이다.

사람이 식용, 장식용으로 쓰는 거북은 어느 정도 자란 것들이다. 게다가 99% 이상이 자연산이다. 추정치에 따르면, 현재 동남아에서는 1년에 천만 마리 이상의 민물거북이 중국으로 수출된다. 중국은 현재 세계 최대의 거북 소비국이지만, 그 뒤를 따르는 미국이나 유럽, 남미 국가도 만만치 않다.

북미에서는 바다거북이 워낙 인기 있는 메뉴라 1970년대부터 이를 사육하려는 시도가 있었다. 닭이나 돼지처럼, 바다거북을 사육해 알과 고기를 공급하겠다는 것이었다. 하지만 이 사업은 곧 경제성이 없는 것으로 드러났다. 바다거북은 자라는 데 긴 시간이 필요하고, 관리가 까다로워 수지가 맞지 않았기 때문이다. 현재 바다거북의 사육농장은 관광용으로 쓰이고 있다.

전 세계적으로 매년 수천만 마리의 민물, 바다거북을 식용, 장식용으로 포획한다. 이들은 거의 자연산이다. 거북은 느리게 자라고 특히 바다거북은 거의 사육이 불가능하다. 거북의 느린 생애 주기 때문에 오늘날 거북의 대량 소비는 특히 문제가 된다.

거북의 기본적인 생활사는 거북이 닭이나 돼지처럼 '회전율'이 높은 생물이 아니라는 것을 보여 준다. 거북의 상품화는 주로 다 자란 거북을 대상으로 하기 때문에 거북의 번식 주기를 파괴할 수 있다. 현재는 바다거북보다 민물거북, 육지거북이 더 큰 위험에 처해 있다.

거북은 극소수의 새끼만이 성체가 된다. 다 자란 거북은 후손을 생산할 의무가 있다. 현재 거북 포획이 문제가 되는 것은 사람들이 대부분 성체가 된 거북을 죽이기 때문이다.

요약

　거북은 지금으로부터 최소한 2억 2천만 년 전에 지구에 출현했다. 거북은 등껍질뿐 아니라, 어깨와 골반이 흉곽 안에 위치한 독특한 해부 구조를 가지고 있다. 이는 다른 척추동물에게서 발견되지 않는 특징이다. 거북의 해부 구조는 배 발생 초기부터 만들어진다. 다른 척추동물들은 갈비뼈가 가슴 쪽으로 둥글게 오그라져 바구니 모양의 흉곽을 만든다. 반면 거북의 갈비뼈는 측면으로 펼쳐져 등껍질 가장자리(등딱지 마루)와 결합한다.

　생물학자들은 거북이 어떤 동물에서 유래했는지 오랫동안 궁금해 했다. 하지만 거북의 조상은 아직 밝혀지지 않았다. 오랫동안 거북은 두개골 측면 형태에 따라, 두개골 측면에 구멍이 없는 '무궁형 양막류'로 분류되어 왔다. 하지만 현재는 두개골 측면의 형태에 따라 양막류(파충류)를 분류하는 방법이 폐기되었다. 지금은 거북을 현생 파충류와 함께 묶지만 현생 파충류와는 진화적 계통이 조금 다른, 독자적인 파충류 그룹으로 분류하고 있다.

　오랫동안 최초의 거북으로 알려진 원시 거북 프로가노켈리스는 초기 거북들이 어떤 모습이었는지를 보여 준다. 2억 년 전에 살았던 원시 거북들의 화석은 거북이 처음에 육지 생물에 가까웠음을 보여 준다. 최초의 거북들은 하천이나 습지 근처에 살던 육지거북, 혹은 반-민물거북이었을 것으로 보인다. 바다거북은 이 육지거북들이 바다로 진출해서 수중 생활에 적응한 형태로 추정된다.

　바다와 육지는 환경이 크게 다르다. 그래서 육지거북과 바다거북은 신체 구조나 이동 방식에서 상당한 차이를 보인다. 바다거북은 물속에서 이동에 유리하도록 유선형 몸체를 갖고 있다. 주로 걷는 데 쓰이던 앞발은 커다란 노처럼 변해 헤엄에 유리하게 변했다. 바다거북의 앞발은 비행기의 날개처럼 양력을 발생시킬 수 있는 에어포일 형태를 띠고 있다. 단순히 물을 밀어내서 추진력을 얻는 게 아니라, 새가 날 때처럼 양력을 발생시켜 헤엄을 치는 것이다. 이러한 신체 구조 덕분에 바다거북은 뛰어난 헤엄 능력을 가질 수 있게 되었다.

현재 세계 바다에는 8종의 바다거북이 산다. 과거에는 7종으로 알려졌지만 최근에는 푸른바다거북의 아종으로 여겨졌던 검은바다거북이 독립된 종으로 여겨지는 추세이다. 이들이 푸른바다거북과 완전히 구분되는 서식지를 가지고 있기 때문이다.

여덟 종의 바다거북은 2개의 상위 분류군에 속해 있다. 이 중 일곱 종은 바다거북과에 속하며, 나머지 한 종은 장수거북과에 속한다. 자기 가문의 유일한 생존자인 장수거북은 세계에서 가장 큰 거북으로 지금은 멸종한 거대 거북과의 친척이다. 장수거북은 바다거북 중에서도 압도적으로 바다에 적응한 생물이다. 이들은 가죽질의 등을 지녔고 서식 범위가 넓으며, 잠수, 헤엄 능력 등이 가장 뛰어나다.

바다거북은 태어나자마자 바다로 기어간다. 이들은 먼바다로 나가 짧게는 몇 년, 길게는 몇십 년을 머무른다. 바다거북은 생애 초기의 몇 년 동안 거의 눈에 띄지 않는다. 유명한 바다거북 연구자였던 아치 카는 이 기간을 '로스트 이어즈'라 불렀다. 이는 연약한 새끼들이 살아남기 위해 어느 정도 자랄 때까지 최대한 눈에 띄지 않고 먼바다에 머무르는 시간이다. 그 뒤 미성체 바다거북들은 서로 성질이 다른 해류가 만나는 접경 지역에서 생활하는 것으로 밝혀졌다. 이들은 먼바다를 떠다니는 해조류 숲 사이에 몸을 숨기고 거기서 생애 초기의 몇 년을 지낸다.

보통 태어난 지 20년 정도가 되면 바다거북은 생식 능력을 갖게 된다. 성체가 되면 이들은 짝짓기와 산란을 위해 오래 전 자신들이 떠났던 해변으로 돌아온다. 바다거북은 멀리 떨어진 곳에서도 태어난 해변을 정확히 찾아낸다. 이들은 수천 킬로미터, 때로 일만 킬로미터 이상을 헤엄쳐 고향으로 돌아온다. 바다거북은 지구자기장을 통해 길을 찾는 것으로 추정된다. 이들은 지구의 특정 위치를 지도 위의 한 점으로 인식할 수 있는 기초적인 '지도 감각'을 가진 것으로 보인다.

현재 세계의 바다거북과 여러 민물거북, 육지거북은 멸종위기에 처해 있다. 사람은 직·간접적인 방식으로 거북의 생존을 위협하고 있다. 카리브 해에 위치한 여러 나라에서는 오랫동안 바다거북을 포획해 왔다. 바다거북의 고기, 알, 수프는 인기 있는 메뉴이다. 거북의 등껍질은 공예, 조각품에 사용되고 거북에서 짜낸 기름은 의약품, 화장품 등에 쓰인다. 거북은 현재 애완 동물로도 인기가 좋다.

사람들은 간접적인 방식으로도 바다거북의 생존을 위협한다. 해양 오염, 연안 개발, 부수 어획 등은 바다거북의 개체수와 서식 환경을 파괴한다. 바다거북은 플라스틱, 비닐봉지 등을 먹이로 착각해 종종 목숨을 잃는다. 제방이나 해안 구조물 건설, 연안 개발 등은 바다거북의 산란지를 파괴한다. 또 이들은 어업용 그물이나 폐그물에 걸려 죽기도 한다.

1960년대부터 아치 카는 바다거북의 멸종 위험성을 널리 알리기 시작했다. 그 뒤 꾸준한 바다거북 보호 운동이 전개되어 현재는 바다거북 개체수가 많이 회복되었다. 지금은 바다거북보다 동남아, 아프리카의 민물거북, 육지거북이 더 큰 위험에 처해 있다.

거북은 성장 속도가 느리고, 극소수의 개체만이 살아남아 성체가 된다. 거북은 어린 시절의 낮은 생존율을 성체 시기의 왕성한 번식과 높은 생존율로 보상하는 동물이다. 현재 세계에서 포획되는 거북은 대부분 운 좋게 살아남은 '어른'들이다. 이들은 후손을 생산해야 할 의무가 있는 거북들이다. 오늘날 무분별한 거북 포획이 위험한 것도 이런 이유 때문이다.

에필로그

거북은 사람에게 가장 친근한 파충류이다. 지질시대 최고의 스타였던 공룡을 불러온다 해도 거북만큼 친근할 것 같지는 않다. 뱀이나 악어를 싫어하는 사람도 거북은 겁내지 않는다. 재미있게 생긴 등껍질과 느린 움직임, 조용한 성품은 거북을 묘하게 매력적인 동물로 만든다.

거북은 여러 문화권에서 중요하게 여겨졌던 동물이다. 거북이 세계를 짊어지고 있다는 신화는 다양한 문헌에서 발견된다. 한자 문화권에서 거북은 장수와 복의 상징이었다. 중국이나 한국에서는 거북을 상서로운 동물로 여겼다. 특히 우리나라에서는 지금도 바다거북을 영물로 여긴다. 바다거북이 잡히면 제사를 지내고 바다로 보내는데 바다거북을 용왕의 아들이라 여기기 때문이다.

또 거북은 우주를 여행했던 최초의 네발동물이다. 거북은 개나 원숭이, 사람보다 먼저 우주를 여행했다. 1968년 9월, 러시아 연방 우주국은 달 주위를 탐사할 존드 5호에 러시아땅거북 Horsfield's tortoise을 태워 보냈다. 거북은 몇 종류의 파리, 딱정벌레, 식물, 박테리아 등과 함께 우주로 날아갔다. 존드 5호는 달 주변을 탐사한 다음 일주일 뒤에 돌아왔다. 러시아 연방 우주국 관계자는 거북에 대해 다음과 같이 보고했다.

"거북은 몸무게가 조금 줄었지만 건강에는 아무 이상이 없습니다. 식욕도 줄지 않았습니다."

현재 거북은 세계적인 상품이 되었다. 우리는 유용하고 매력적인 거북을 착취해 멸종위기에 몰아 넣고 있다. 거북이 하나둘 지구에서 사라진다면 우리는 지구에 등장했던 가장 독특한 생물 중 하나를 잃게 될 것이다. 거북은 생물학자들이 이구동성으로 감탄하는 '진화적 경이evolutionary wonder' 중의 하나이다. 거북이 주는 어떤 정감 때문에라도 그들이 오랫동안 지구에 머무를 수 있기를 바란다.

거북에 대한 자료를 모으다 멋진 시를 한 편 발견했다. 「돌아와요 거북이」라는 이 시는 따뜻하고 축제 같은 분위기로 가득 차 있다. 바다거북이 태어난 해변으로 돌아오기까지 어떤 여정을 겪었는지 알고 있는 여러분은 아마 이 시를 더욱 잘 이해할 수 있을 것이다. 바다거북이 알을 낳는 밤. 그 밤이 오기까지 바다거북은 먼 거리를 이주해야 했고, 긴 세월 동안 살아남아야 했다. 바다거북은 돌아왔고, 이제 산란의 밤이 왔다.

돌아와요 거북이*

― 이현승

브라질의 해변에서 거북이들이 산란을 할 때
해안가의 집들은 기꺼이 어두워진다
타마르 타마르**
거북이들이 사랑을 나누고
따뜻한 모래 틈에 알을 낳을 때
사람들이 어둠 속에서 고요해지거나
서로의 몸을 더듬는다면
그건 좋은 일

딱히 할 일이 없어서 사랑했다면
그래서 아이들이 학교에서 놀게 되었다면
거북이가 헤엄치는 바다에서
같이 느리게 헤엄칠 수 있다면
그건 확실히 좋은 일

모래와 거북이알과 아이들은 해변에서
서로의 심장이 고동치는 소리를 듣고

* 이현승, 『친애하는 사물들』(문학동네, 2012)

엄마와 아빠가 가깝게
집과 학교와 바다가 가깝게
약탈자들은 보호자가 되고
해변의 고요를 감시한다는 것은 멋진 일
그건 거북이가 돌아오는
가장 빠른 길

그렇다. 시인의 단호하고 멋진 어조처럼 그건 좋은 일이다.

** 타마르 프로젝트 — 기와 네카 부부에 의해 1980년 설립된 야생거북 보호 프로젝트. 브라질 8개 주 22개 보호기지에서 1천 킬로미터가 넘는 해변을 감시하고 있다. 거북 사냥으로 생계를 이어 가던 주민을 위해 관광 센터 개발이나 기념품 제작, 판매소 건립, 신어업 기술 등의 활동을 통해 몇백 마리 밖에 남지 않았던 바다거북은 60여만 마리로 크게 늘어났다. (시인의 주)

참고자료

1) 저서

1. 고철환 외, 해양 생물학, 서울대학교 출판부, 1997

2. 심재한, 꿈꾸는 푸른 생명, 거북과 뱀, 도서출판 다른세상, 2001

3. 이태원, 현산어보를 찾아서 4, 청어람미디어, 2004

4. James W. Nybakken 외, 홍재상 외 옮김, 해양 생물학, 6판, 라이프 사이언스, 2008

5. Cecie Starr, 홍영남 외 옮김, (스타)생명과학: 이론과 응용, 5판, 라이프사이언스, 2003

6. Peter L. Lutz, John A. Musick, *The Biology of Sea Turtles*, CRC press, 1996

7. Jeanette Wyneken, Matthew H. Godfrey and Vincent Bels, *Biology of Turtles*, CRC press, 2008

8. Franck Bonin, Bernard Devaux & Alain Dupre, Translated by Peter C. H. Pritchard, *Turtles of the World*, A & C Black Publishers Ltd.(London), 2006

9. F. Harvey Pough et al., *Herpetology*, 3rd edition, Pearson Education, 2004

10. David Alderton, *Turtles & Tortoises of the World*, Facts on File, Inc., 2002

11. Whit Gibbons and Judy Greene, *Turtles: The animal answer guide*, The Johns Hopkins University Press, Baltimore, 2009

12. Karen A. Bjorndal, *Biology and Conservation of Sea Turtles,* revised edition, Smithsonian Institution Press, Washington and London, 1995

13. Tom Garrison, *Oceanography: An Invitation to Marine Science,* 7th edition, Brooks/Cole Cengage Learning, 2010

14. Hugh Dingle, *Migration: The Biology of Life on the Move*, Oxford University Press, 1996

15. Donald R. Prothero, *Bringing Fossils to Life*, 2nd edition, McGraw-Hill Higher Education, 2004

16. Craig B. Stanford, *The last tortoise: A tale of extinction in our lifetime*, The Belknap Press of Harvard University Press, 2010

17. Brian K. Hall, Benedikt Hallgrimsson, *Evolution*, 4th edition, Jones and Bartlett Publishers, 2008

18. Frederick Rowe Davis, *The man who saved the sea turtles: Archie Carr and the origins of conservation biology*, Oxford University Press, 2007

2) 논문

1. Chun Li et al., An ancestral turtle from the late Triassic of southwestern China, *Nature*, Vol. 456, November 2008

2. Walter G. Joyce et al., A thin-shelled reptile from the late triassic of North America and the origin of the turtle shell, *Proc. R. Soc. B* 276, 507-513, doi: 10.1098/rspb.2008.1196

3. Paolo Luschi et al., Marine turtles use Geomagnetic cues during open-sea homing, *Current Biology* 17, 126-133, 2007

4. K.J. Lohmann, P. Luschi, G.C. Hays, Goal navigation and island-finding in sea turtles, *Journal of Experimental Marine Biology and Ecology* 356, 83-95, 2008

5. Scott F. Gilbert et al., Morphogenesis of the turtle shell: the development of a novel structure in tetrapod evolution, *Evolution & Development* 3:2, 47-58, 2001

6. Paolo Casale et al., A model of area fidelity, nomadism, and distribution patterns of loggerhead sea turtles(*Caretta caretta*) in the Mediterranean Sea, *Mar Biol*, 152, 1039-1049, 2007

7. Catherine M. McClellan et al., Stable isotopes confirm a foraging dichotomy in juvenile loggerhead sea turtles, *Journal of Experimental Marine Biology and Ecology*, 387, 44-51, 2010

8. M.C. Boyle, and C.J. Limpus, The stomach contents of post-hatchling green and loggerhead sea turtles in the southwest Pacific: an insight into habitat association, *Mar Biol*, 155, 233-241, 2008

9. John Davenport, Temperature and the life-history strategies of sea turtles, *J. therm. Biol.* Vol. 22, No. 6, 479-488, 1997

10. Morgan Michelle Smith, and Michael Salmon, A comparison between the habitat choices made by hatchling and juvenile green turtles(*Chelonia Mydas*) and loggerheads(*Caretta caretta*), *Marine turtle newsletter* No. 126, 9-13, 2009

11. Ann Campbell Burke, Development of the turtle carapace: Implications for the evolution of a novel bauplan, *Journal of Morphology* 199: 363-378, 1989

12. Jacqueline E. Moustakas, Development of the carapacial ridge: Implications for the evolution of generic networks in turtle shell development, *Evolution & Development*, 10:1, 29-36, 2008

13. Hiroshi Nagashima et al., On the carapacial ridge in turtle embryos: its developmental origin, function and the chelonian body plan, *Development* 134, 2219-2226, 2007

14. Erin E. Seney et al., Satellite transmitter attachment techniques for small juvenile sea turtles, *Journal of Experimental Marine Biology and Ecology*, 384, 61-67, 2010

15. 문대연 외, 한국 연안의 멸종위기 바다거북의 분포 및 좌초 현황, 한수지 42(6), 657-663, 2009

16. 김삼연 외, 2009년도 제주해역 바다거북 혼획 좌초 조사, *한국어업기술학회 2010년도 춘계총회 및 학술발표대회*, pp.167-170, 2010

사진 출처

29쪽	ⓒ Melissa Mitchell (위키피디아, CC-BY)
40쪽(좌)	ⓒ Claire Houck (위키피디아, CC-BY-SA)
40쪽(우)	Gary M. Stolz / U.S. Fish and Wildlife Service
76쪽	Per-Ola Norman (위키피디아)
77쪽(우)	ⓒ Brocken Inaglory (위키피디아, CC-BY-SA)
77쪽(좌)	ⓒ Childzy (위키피디아, CC-BY-SA)
85쪽(우)	ⓒ Brocken Inaglory (위키피디아, CC-BY-SA)
94쪽	ⓒ Siren (위키피디아, CC-BY-SA)
96쪽	ⓒ Brocken Inaglory (위키피디아, CC-BY-SA)
97쪽	ⓒ Charlesjsharp (위키피디아, CC-BY-SA)
98쪽	ⓒ Strobilomyces (위키피디아, CC-BY-SA)
100쪽	ⓒ Clark Anderson / Aquaimages (위키피디아, CC-BY-SA)
102쪽(우)	Johntex / U.S. Fish and Wildlife Service
102쪽(좌)	ⓒ Bernard Gagnon (위키피디아, CC-BY-SA)
106쪽	ⓒ Purpleturtle57 (위키피디아, CC-BY-SA)
173쪽	Adrian Pingstone (위키피디아)
174쪽(우)	ⓒ Wilfried Wittkowsky (위키피디아, CC-BY-SA)
174쪽(좌)	ⓒ Chensiyuan (위키피디아, CC-BY-SA)